计算机应用基础
（Windows 7+Office 2010）

涂蔚萍　邵　旦　主　编
贺　琦　杨　柳　副主编

电子工业出版社

Publishing House of Electronics Industry

北京·BEIJING

内 容 简 介

本书根据上海计算机等级考试大纲（2013 年版）的基本内容组织编写。编写时充分考虑了大学生的知识结构和学习特点，教学内容注重计算机基础知识的介绍和学生动手能力的培养。

本书共 8 章，内容包括信息技术基础知识、Windows 7 操作系统、文字处理软件 Word 2010 的基本操作、电子表格 Excel 2010 的基本操作、演示文稿软件 Power Point 2010 的基本操作、计算机网络基础及应用、多媒体技术基础（多媒体的概述、Photoshop 的基本操作、Flash 的基本操作）以及网页设计八大模块，每个操作模块按照人们的学习习惯设计了基础实训和进阶实训，循序渐进、易学易用。

本书不仅适用于高职院校各专业作为通用计算机基础的教材使用，也适用于参加上海计算机等级考试一级考试的学生使用，同时还适用于计算机基础、计算机常用工具软件的自学者作为参考书，还可作为成人教育教材及办公自动化培训教材。

未经许可，不得以任何方式复制或抄袭本书之部分或全部内容。

版权所有，侵权必究。

图书在版编目（CIP）数据

计算机应用基础：Windows 7 ＋ Office 2010 / 涂蔚萍，邵旦主编. —北京：电子工业出版社，2014.4

21 世纪高等职业教育计算机系列规划教材

ISBN 978-7-121-21075-4

Ⅰ．①计… Ⅱ．①涂… ②邵… Ⅲ．①Windows 操作系统—高等职业教育—教材②办公自动化—应用软件—高等职业教育—教材 Ⅳ．①TP316.7②TP317.1

中国版本图书馆 CIP 数据核字（2013）第 169566 号

策划编辑：徐建军（xujj@phei.com.cn）

责任编辑：郝黎明

印　　刷：三河市鑫金马印装有限公司

装　　订：三河市鑫金马印装有限公司

出版发行：电子工业出版社

　　　　　北京市海淀区万寿路 173 信箱　邮编 100036

开　　本：787×1 092　1/16　印张：15.75　字数：403.2 千字

版　　次：2014 年 4 月第 1 版

印　　次：2015 年 8 月第 2 次印刷

定　　价：35.00 元

凡所购买电子工业出版社图书有缺损问题，请向购买书店调换。若书店售缺，请与本社发行部联系，联系及邮购电话：（010）88254888。

质量投诉请发邮件至 zlts@phei.com.cn，盗版侵权举报请发邮件至 dbqq@phei.com.cn。

服务热线：（010）88258888。

前　言

21 世纪教育发展最鲜明的时代特征无疑是信息化。计算机信息技术不断被应用于各项日常工作中，它已经由一种单纯的科学技术演变成一种大学生毕业后更快适应企业发展、社会需求的职业技能素养之一。为了适应这种新时代发展的需求，诸多高校修订了计算机信息基础课程的教学大纲，课程内容不断推陈出新。我们根据目前大部分高校基础教学现状，结合当前大学生须掌握必备的计算机应用基础知识和基本技能编写了本教材。

本书的编写是结合能力本位的课程改革需要，以提高学生实践能力为目标。作为诸多高校的一门计算机基础课，也是学习其他计算机相关技术课程的前导课程，通过本教材的学习可以培养学生的信息素养，增强学生对计算机操作系统的应用能力，熟练掌握常用办公软件、多媒体软件等，进而提高学生计算机综合应用文化素质，为学生今后构建自主学习的知识结构，提升计算机项目实践能力从而真正学以致用夯实基础。

本书的编写者是长期从事计算机信息基础课程教学的一线教师，熟知学生的认知过程和学习规律。在编著过程中强调了实用性和可操作性，以项目引领、任务驱动的方式，融合了理论与实践，兼顾了知识与技能。项目内容紧跟社会主流与生活实际，以最大程度激发学生的学习热情并有效掌握最新的实用技术。同时，本教材在编写过程中还充分考虑了教学实施的需求，合理设置了项目的分层，以基础项目和进阶项目的方式引导学生阶梯式学习提升，从而有利于提高教学效率和教学效果。

本书共 8 章，内容包括信息技术基础知识、Windows 7 操作系统、文字处理软件 Word 2010 的基本操作、电子表格 Excel 2010 的基本操作、演示文稿软件 Power Point 2010 的基本操作、计算机网络基础及应用、多媒体技术基础（多媒体的概述、Photoshop 的基本操作、Flash 的基本操作）以及网页设计八大模块，每个操作模块按照人们的学习习惯设计了基础实训和进阶实训，循序渐进、易学易用。

本书由上海电子信息职业技术学院组织编写，参与编写的老师有涂蔚萍、邵旦、鲁珏、周芃、杨柳、贺琦、范晓燕、胡敬华、周巧婷、文祥。同时，本书参阅了许多参考资料，在编写过程中得到各方面的大力支持，在此一并表示感谢。

为了方便教师教学，本书配有电子教学课件及相关资源，请有此需要的教师登录华信教育资源网（www.hxedu.com.cn）免费注册后进行下载，如有问题可在网站留言板留言或与电子工业出版社联系（E-mail:hxedu@phei.com.cn）。

由于编者水平有限，编写时间仓促，书中难免存在疏漏和不足，恳请同行专家和读者能给予批评和指正。

编　者

目　录

第1章

信息技术基础知识

本章导读

▶ 理解信息技术的发展历程。

▶ 掌握计算机硬件的组成。

▶ 掌握计算机软件的基本概况，包括系统软件和应用软件。

▶ 认识通信技术的基本知识和基本概念。

1.1 信息技术

1.1.1 信息技术概述

自从 1928 年美国学者哈特莱（Hartly）提出信息的概念以来，信息这个名词就与社会生活和经济发展产生了不解之缘。有人断言，物质、能源和信息是人类生存和社会进步的必要条件，可见信息在现代社会中的作用和地位是何等重要。

信息是一切事物运行状态和运动方式的表征，它来源于物质的运动，是物质的一种固有属性。可以说没有物质，没有物质的运动，就没有信息。但是信息不等同于物质，信息不是物质本身，它只是反应物质的运动状态和方式。同时，信息与能量也有着密切的关系，没有能量，事物就不能运动，当然就没有信息。但是信息也不等于能量，能量是事物运动的原因，信息则是事物运动的结果。

1.1.2 信息技术定义

对信息的识别、检测、提取、变换、传递、存储、检索、处理、再生、转化以及应用等方面的技术称为信息技术。古代人类依靠感官来获取信息，采用语言和动作来表达、传递信息。自从人类发明了文字、造纸术和印刷术之后，人们采用纸张、文字来传递信息。随着发明了电报、电话和电视，人类进入了电信时代，采用越来越多的方式进行信息传递。20 世纪，随着无线电技术、计算机及其网络技术和通信技术的发展，信息技术进入了崭新的时代。21 世纪，信息技术以多媒体计算机技术和网络通信技术为主要标志，人们不断探索、研究和开发更加先进的信息技术，从而更加方便地获取信息和存储信息，更好地加工信息和再生信息。

根据信息技术研究开发和应用的发展历史，可以将信息技术的发展分为以下 3 个阶段。如图 1-1 所示。

图 1-1　信息技术发展历史

1.2　计算机硬件组成

硬件系统是组成计算机系统中的重要部件，是实实在在的器件，它是计算机的物质基础。

通常情况下，一台个人计算机是由 CPU、内存、主板、显卡、网卡、声卡、硬盘、光驱、软驱、显示器、键盘、鼠标、机箱、电源、音箱等基本部件组成的。用户还可根据自己的需要配置话筒、摄像头、打印机、扫描仪、调制解调器等部件。

1.2.1　CPU

CPU 是英文 Central Process Unit 的缩写，中文名称为"中央处理器"，是一台计算机的运算核心和控制核心。计算机中所有的操作都由 CPU 负责读取指令，对指令译码并执行指令。CPU 的种类决定了计算机所使用的操作系统和相应的软件，CPU 的型号往往还决定了一台计算机的档次。如图 1-2 和图 1-3 所示均为 CPU 的外观图。

图 1-2　CPU 外观图

图 1-3　CPU 外观图

1.2.2　主板

主板又称系统板或母板（Mather Board），是计算机系统中极为重要的部件。如果把 CPU

比作计算机的"心脏",主板便是计算机的"躯干"。主板采用了开放式结构,大都有 6~8 个扩展插槽,供计算机外围设备的控制卡(适配器)进行插接。作为计算机的基础部件,主板的作用非常重要,尤其是在稳定性和兼容性方面,更是不容忽视。如果主板选择不当,则其他插在主板上部件的性能可能就不能充分发挥。目前主流的主板品牌有华硕、微星和技嘉等,用户选购主板之前,应根据自己的实际情况谨慎考虑购买方案。不要盲目认为最贵的就是最好的,因为这些昂贵的产品不见得适合自己。

如图 1-4 所示即为一个主板的外观图。

图 1-4　主板外观图

1.2.3　内存

内存储器(简称内存,也称主存储器)用于存放计算机运行所需的程序和数据。内存的容量与性能是决定计算机整体性能的一个决定性因素。内存的容量大小及其时钟频率(内存在单位时间内处理指令的次数,单位是 MHz)直接影响到计算机运行速度的快慢,即使 CPU 的主频很高,硬盘容量很大,但如果内存的容量很小,计算机的运行速度也快不了。

目前,常见的内存品牌主要有现代、三星、胜创、金士顿、富豪和金邦等,主流计算机的内存容量一般是 1GB 或 2GB。

图 1-5 所示为一款容量为 2GB 的金士顿 DDR3 1333 内存。

图 1-5　内存外观图

1.2.4　硬盘

硬盘是计算机最重要的外部存储器之一,由一个或多个铝制或者玻璃制的碟片组成。这些碟片外覆盖有铁磁性材料。绝大多数硬盘都是固定硬盘,被永久性地密封、固定在硬盘驱动器中。由于硬盘的盘片和硬盘的驱动器是密封在一起的,所以通常所说的硬盘或硬盘驱动器其实是一回事。

与软盘相比,硬盘具有性能好、速度快、容量大的优点。硬盘将驱动器和硬盘片封装在

图1-6　硬盘外观图

一起，固定在主机箱内，一般不可移动。硬盘最重要的指标是硬盘容量，其容量大小决定了可存储信息的多少。目前，常见的硬盘品牌主要有迈拓、希捷、西部数据、三星、日立和富士通等，图1-6所示为硬盘外观图。

1.2.5　电源

主机电源是一种安装在主机箱内的封闭式独立部件，它的作用是将交流电通过一个开关电源变压器转换为 5V、–5V、+12V、–12V、+3.3V 等稳定的直流电，以供应主机箱内主板、硬盘、各种适配器扩展卡等系统部件使用。

在用户装机时，电源的重要性常常会被用户遗忘，尤其是新手选配计算机时，甚至对电源的品质毫不在意。事实上，这存在很多危害，同时也为不法商贩留下可乘之机。随着 DIY配件的价格越来越透明，攒机商为了赚钱，更多的是在机箱、电源、显示器等周边配件上留出利润，如果用户一味追求低价格，就极有可能被不良商家调换成品质不好的"黑电源"。

1.2.6　显示器

显示器是计算机重要的输出设备，也是计算机的"脸面"。计算机操作的各种状态、结果，编辑的文本、程序、图形等都是在显示器上显示出来的。显示器和键盘、鼠标是人和计算机"对话"的主要设备。

显示器主要分为 CRT（阴极射线管）显示器和液晶显示器两种，如图 1-7 和图 1-8 所示。台式计算机、笔记本计算机和掌上型计算机现在一般都采用液晶显示器。

图1-7　CRT显示器外观图

图1-8　液晶显示器外观图

目前液晶显示器的技术已经很成熟，它的应用也从笔记本计算机转移到台式计算机上，成为新的热点。目前著名的显示器品牌制造商主要有飞利浦、三星、LG、索尼、日立、现代、明基、爱国者等。

1.2.7　键盘和鼠标

键盘是计算机系统中最基本的输入设备，用户给计算机下达的各种命令、程序和数据都可以通过键盘输入到计算机中。

常见的键盘主要可分为机械式和电容式两类，现在的键盘大多都是电容式键盘。键盘如果按其外形来划分又有普通标准键盘和人体工学键盘两类。按其接口来划分又有 AT 接口（大口）、PS/2 接口（小口）、USB 接口等种类的键盘，标准键盘的外观如图 1-9 所示。

鼠标用于确定光标在屏幕上的位置，在应用软件的支持下，鼠标可以快速、方便地完成某种特定的功能。随着 Windows 操作系统的普及，鼠标已成为计算机的标准输入设备。鼠标的外观如图 1-10 所示。

图 1-9　键盘外观图　　　　　　　图 1-10　鼠标外观图

1.2.8　光驱

光驱是对光盘上存储的信息进行读写操作的设备，光驱由光盘驱动部件和光盘转速控制电路、读写光头和读写电路、聚焦控制、寻道控制、接口电路等部分组成，其机理比较复杂。如图 1-11 所示为光驱的外观图。在大多数情况下，操作系统及应用软件的安装都需要依靠光驱来完成。目前主要有 CD 光驱、DVD 光驱两种类型，由于 DVD 光盘中可以存放更大容量的数据，所以 DVD 光驱已成为市场中的主流。

图 1-11　光驱外观图

光驱最主要的性能指标是读盘速度，一般用 X 倍速表示。这是因为第一代光驱的读盘速率为 150B/s，称为单倍速光驱，而以后的光驱读盘速率一般为单倍速光驱的若干倍。例如，50X 光驱的最高读盘速率为 50×150KB/s=7500KB/s。

1.2.9　显卡和声卡

显卡也称图形加速卡，它是计算机内主要的板卡之一，其基本作用是控制计算机的图形输出。

一般来说，二维图形图像的输出是必备的。在此基础上将部分或全部的三维图像处理功能纳入显示芯片中，由这种芯片做成的显示卡就是通常所说的"3D 显示卡"。有些显示卡以附加卡的形式安装在计算机主板的扩展槽中，有些则集成在主板的芯片上，如图 1-12 所示即为太阳花 7300GT 显示卡。

声卡（也叫音频卡）是多媒体计算机的必要部件，是计算机进行声音处理的适配器。如图 1-13 所示即为一块 PCI 声卡。

图 1-12　太阳花 7300GT 显示卡外观图

图 1-13　PCI 声卡外观图

声卡是多媒体计算机中用来处理声音的接口卡。声卡可以把来自话筒、收录音机、激光唱机等设备的语音、音乐等声音变成数字信号交给计算机处理，并以文件形式存盘，还可以把数字信号还原成为真实的声音输出。目前大部分主板上都集成了声卡，一般不需要再另外配备独立的声卡，除非是计算机对音质有比较高的要求。

声卡主要有以下 3 个基本功能。

（1）音乐合成发音功能；

（2）混音器（Mixer）功能和数字声音效果处理器（DSP）功能；

（3）模拟声音信号的输入和输出功能。

1.2.10　其他外部设备

打印机作为各种计算机的最主要输出设备之一，是使用计算机办公中不可缺少的一个组成部分。

打印机随着计算机技术的发展和日趋完美的用户需求而得到较大的发展。目前，针式打印机、喷墨打印机、激光打印机和多功能一体机百花齐放，各自发挥其优点，满足各行业用户不同的需求。

1.3　计算机软件组成

软件是计算机系统的重要组成部分。计算机的软件系统可以分为系统软件、驱动软件和应用软件 3 大类。

1.3.1　操作系统

操作系统（Operating System，OS）是管理计算机硬件与软件资源的程序，同时也是计算机系统的内核与基础。操作系统是管理计算机全部硬件资源、软件资源、数据资源、控制程序运行并为用户提供操作界面的系统软件的集合。

操作系统是一款庞大的管理控制程序，大致包括 5 个方面的管理功能：进程与处理机管理、作业管理、存储管理、设备管理、文件管理。目前，应用最广泛的操作系统主要有Windows 2003/2008 Server、Windows Vista Server、Windows XP、Windows 7、UNIX 和 Linux

等，这些操作系统所适用的用户人群也不尽相同，用户可以根据自己的实际需要选择安装不同的操作系统。

1. Windows XP

Windows XP 的中文全称为视窗操作系统体验版，是微软公司发布的一款视窗操作系统。它发行于 2001 年 10 月 25 日，原来的名称是 Whistler。Windows XP 操作系统可以说是最为经典的一款操作系统，如图 1-14 所示为 Windows XP 的标志。

Windows XP 是目前使用最为广泛且使用人数最多的操作系统之一。它对计算机硬件要求不是特别高，其安装方法也基本都是图形界面形式的，而且 Windows XP 把很多以前由第三方提供的常用软件都整合到操作系统之中，这让用户使用起来更为方便、简单，这些都是 Windows XP 深受用户喜爱的原因，也是大多数用户选择 Windows XP 作为自己的操作系统的理由。如图 1-15 所示为 Windows XP 最为经典的界面。

2. Windows 7

Windows 7 是由微软公司开发的新一代操作系统，具有革命性的意义。Windows 7 操作系统继承了 Windows XP 的实用和 Windows Vista 的华丽，同时进行了一次升华，它比 Windows Vista 的性能更高、启动更快、兼容性更强，具有很多新特性和优点，例如提高了屏幕触控支持和手写识别，支持虚拟硬盘，改善多内核处理器，改善开机速度和内核处理等。如图 1-16 所示为 Windows 7 操作系统的标志和桌面图。

图 1-14　Windows XP 标志　　　　　　图 1-15　Windows XP 界面图

图 1-16　Windows 7 标志和界面图

3. 服务器操作系统—Windows Server 2008

Windows Server 2008 是微软最新的一款服务器操作系统的名称，它代表了下一代Windows

Server 操作系统。使用 Windows Server 2008 可以使 IT 专业人员对其服务器和网络基础结构的控制能力更强，如图 1-17 所示为 Windows Server 2008 操作系统。Windows Server 2008 通过加强操作系统和保护网络环境提高了系统的安全性，通过加快 IT 系统的部署与维护，使服务器和应用程序的合并与虚拟化更加简单，同时，为用户提供了直观的管理工具，为 IT 专业人员提供了灵活性。

图 1-17　Windows Server 2008

4．Linux 操作系统

Linux 是一套免费使用和自由传播的类 UNIX 操作系统，是一个基于 POSIX 和 UNIX 的多用户、多任务、支持多线程和多 CPU 的操作系统。它能运行主要的 UNIX 工具软件、应用程序和网络协议，支持 32 位和 64 位硬件。Linux 以它的高效性和灵活性著称。Linux 模块化的设计结构使得它既能在价格昂贵的工作站上运行，也能够在廉价的个人计算机上实现全部的 UNIX 特性，具有多任务、多用户的能力。

Linux 之所以受到广大计算机爱好者的喜爱，主要原因有两个：一是它属于自由软件，用户不用支付任何费用就可以获得它和它的源代码，并且可以根据自己的需要对它进行必要的修改，无约束地继续传播。另一个原因是，它具有 UNIX 的全部功能和特点，稳定、可靠、安全，有强大的网络功能，任何使用 UNIX 操作系统或想要学习 UNIX 操作系统的人都可以从 Linux 中获益。

1.3.2　驱动程序

驱动程序的英文名为"Device Driver"，全称为"设备驱动程序"，是一种可以使计算机和硬件设备通信的特殊程序，相当于硬件的接口。操作系统只有通过驱动程序才能控制硬件设备的工作。因此，驱动程序被称为"硬件的灵魂"、"硬件的主宰"和"硬件和系统之间的桥梁"等。

在 Windows XP 操作系统中，如果不安装驱动程序，则计算机会出现屏幕不清楚、没有声音、分辨率不能设置等现象，所以正确安装驱动程序是非常必要的。

1．驱动程序的作用

正是通过驱动程序，各种硬件设备才能正常运行，达到预定的工作效果。硬件如果缺少了驱动程序的"驱动"，那么本来性能非常强大的硬件就无法根据软件发出的指令进行工作，硬件就是空有一身本领都无从发挥，毫无用武之地。从理论上讲，所有的硬件设备都需要安装相应的驱动程序才能正常工作。但像 CPU、内存、主板、软驱、键盘、显示器等设备却并不一定需要安装驱动程序也可以正常工作，而显卡、声卡、网卡等却一定要安装驱动程序，否则便无法正常工作。

2．驱动程序的界定

驱动程序可以界定为官方正式版、第三方驱动、微软 WHQL 认证版、发烧友修改版和 Beta 测试版等版本。

（1）官方正式版。官方正式版驱动是指按照芯片厂商的设计研发出来的，经过反复测试、修正，最终通过官方渠道发布出来的正式版驱动程序。通常官方正式版的发布方式包括官方网站发布及硬件产品附带光盘这两种方式。稳定性、兼容性好是官方正式版驱动最大的亮点，同时也是区别于发烧友修改版与测试版的显著特征。

（2）第三方驱动。第三方驱动一般是指硬件产品 OEM 厂商发布的基于官方驱动优化而成的驱动程序。第三方驱动拥有稳定性、兼容性好，基于官方正式版驱动进行优化并比官方正式版拥有更加完善的功能和更加强劲的整体性能。

（3）微软 WHQL 认证版。WHQL 是 Windows Hardware Quality Labs 的缩写，是微软对各硬件厂商驱动的一个认证，是为了测试驱动程序与操作系统的相容性及稳定性而制定的。也就是说通过了 WHQL 认证的驱动程序与 Windows 系列的操作系统基本上不存在兼容性的问题。

（4）发烧友修改版。发烧友修改版的驱动最先出现在显卡驱动上，由于众多发烧友对游戏的狂热，对于显卡性能的期望也就比较高，这时候厂商所发布的显卡驱动就往往不能满足游戏爱好者的需求，因此经修改过的以满足游戏爱好者更多功能性要求的显卡驱动也就应运而生。目前，发烧友修改版驱动又名改版驱动，是指经修改过的驱动程序，而又不专指经修改过的驱动程序。

（5）Beta 测试版。测试版驱动是指处于测试阶段，还没有正式发布的驱动程序。这样的驱动往往稳定性不够，与系统的兼容性也不够。

3．驱动程序的获取

常见的驱动程序的获取方法分为以下 3 种。

（1）Windows 操作系统附带了大量的通用的驱动程序。安装操作系统时，有些驱动程序会被附加安装，但是操作系统中的驱动程序是很有限的。

（2）硬件厂商提供的驱动程序。一般情况下，每一款型号的硬件产品都有相对应的驱动程序。硬件厂商都会提供相关的驱动程序安装光盘，用户只需要安装光盘中的驱动程序即可。

（3）直接从网络上下载相关驱动程序。一般来说，硬件厂商会将相关的驱动程序发布到网络上供用户下载。由于发布的驱动程序是最新的升级版本，所以性能和稳定性是最强的，下载驱动程序的具体操作步骤如下。

① 在桌面上用鼠标右击"我的电脑"图标，在弹出的快捷菜单中选择"属性"菜单命令，弹出"系统属性"对话框，如图 1-18 所示，在"硬件"选项卡中单击【设备管理器】按钮。

② 弹出"设备管理器"窗口，如图 1-19 所示，显示计算机的所有硬件配置，单击"显示卡"前的按钮，在列表中选择弹出的型号并用鼠标右击，在弹出的快捷菜单中选择"属性"菜单命令。

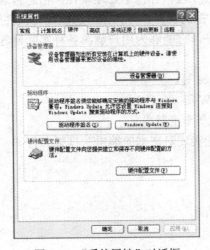
图 1-18 "系统属性"对话框

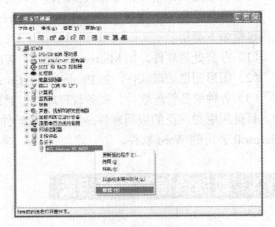
图 1-19 "设备管理器"窗口

③ 弹出"ATI Radeon HD 4250 属性"对话框，如图1-20所示，用户可以查看设备的类型和型号。

④ 选择"驱动程序"选项卡，用户可以查看驱动程序的提供商、日期、版本和签名程序等信息。

⑤ 单击"详细信息"选项卡，用户可以查看驱动程序的详细信息和安装路径，如图1-21所示。

4. 驱动程序的安装顺序

一台计算机的操作系统安装完成后，接下来的工作就是安装驱动程序，而各种驱动程序的安装是有一定的顺序的，如果不能正确地安装驱动程序，会导致某些硬件不能正常使用。

如图1-22所示为正确的驱动程序安装顺序。

 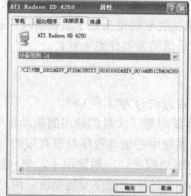 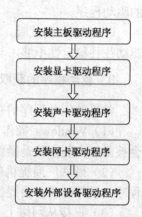

图1-20 "ATI Radeon HD 4250 属性"对话框　图1-21 "详细信息"选项卡　图1-22 驱动程序的安装顺序

1.3.3 应用程序

所谓应用程序，是指除了系统软件以外的所有软件，它是用户利用计算机及其提供的系统软件为解决各种实际问题而编制的计算机程序。

目前，常见的应用程序有：各种用于科学计算的程序包、各种字处理软件、信息管理软件、计算机辅助设计软件、计算机辅助教学软件、实时控制软件和各种图形图像设计软件等。

应用软件是指为了完成某项工作而开发的一组程序，它能够为用户解决各种实际问题，主要包括如下类别。

（1）办公处理软件，如 Microsoft Office、WPS Office 等。

（2）图形图像处理软件，如 Photoshop、CorelDRAW 等。

（3）各种财务管理软件、税务管理软件、辅助教育等专业软件。

目前应用最广泛的应用软件是文字处理软件，它能实现对文本的编辑、排版和打印，如 Microsoft 公司的 Word 软件。

1.4 数据通信及系统组成

数据通信是通信技术和计算机技术相结合而产生的一种新的通信方式。主要目的是通过传输信道将数据终端与计算机连接起来，而使不同地点的数据终端实现软、硬件和信息资源的共享。

数据通信的主要内容就是计算机通信，是计算机技术和通信技术的结合。数据通信网由硬件和软件组成。硬件部分包括数据传输设备、数据交换设备及通信线路，软件部分是指支持上述硬件的网络协议等。数据通信网的任务是在网络用户之间，透明地、无差错地、迅速地实现数据通信。计算机通信网由通信子网和资源子网构成，通信子网就是数据通信网。计算机通信子网按网络覆盖范围大小可分为局域网、城域网和广域网。

数据通信的概念

数据是事实或观察的结果，可以是符号、文字、数字、语音、图像、视频等。在计算机系统中，数据以二进制信息单元的形式表示。

数据通信是随着计算机技术和通信技术的迅速发展，以及二者之间的相互渗透与结合而兴起的一种新的通信方式，它是计算机与通信技术相结合的产物。数据通信是指通过某种传输媒体在两个设备之间交换数据的技术，通常也可以把数据通信称为计算机通信。在互联网高度发达的今天，数据通信一般是指人与计算机或计算机与计算机之间的信息交换过程，通信的双方至少有一方是计算机。数据通信系统不仅是单纯的信息交换，更重要的是利用计算机进行数据处理，即使单就传输过程而言，也含有相当复杂的处理。数据通信的研究内容与传输数据的格式和传输数据的方法有关。数据通信包括数据处理与数据传输两大部分，即：

数据通信=数据处理+数据传输

数据通信的任务是使双方完成数据交换，典型的数据通信系统由源站、发送器、传输系统、接收器、目的站构成，如图 1-23 所示。

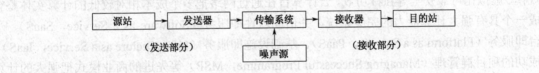

图 1-23　通信系统的一般模型

1.5　物联网

物联网（The Internet of Things）即把所有物品通过射频识别（RFID）、红外感应器、全球定位系统、激光扫描器等信息传感设备与互联网连接起来，进行信息交换和通信，实现智能化识别、定位、跟踪、监控和管理。

物联网概述

通俗地讲，物联网就是一个通过信息技术将各种物体连成网络以帮助人们获取这些物体信息的"东西"，英文为 IOT（Internet of Things）。物联网的作用是使物体变得更加智能化，实现人与物以及物与物的对话，使日常生活中的任何物品都变得"有感觉、有思想"。物联网对所连接的物件主要有 3 点要求：① 联网的每一个物件均可寻址；② 联网的每一个物件均可通信；③ 联网的每一个物件均可控制。

物联网体系结构从上到下依次为应用层、网络层、感知层和公共技术，如图 1-24 所示。

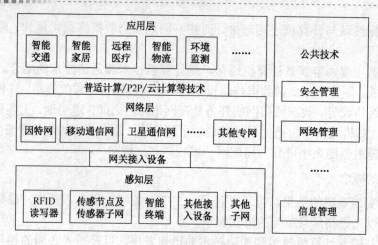

图 1-24　物联网体系结构

1.6　云计算

云计算的概述

"云计算"（Cloud Computing）概念由 Google 提出，这是一个出色的网络应用模式。狭义的云计算是指 IT 基础设施的交付和使用模式，通过网络以按需、易扩展的方式获得所需的资源；广义的云计算是指服务的交付和使用模式，通过网络以按需、易扩展的方式获得所需的服务。这种服务可以是信息、软件等互联网相关的服务，也可以是任意其他的服务，它具有超大规模、虚拟化可靠安全等独特功效。云计算旨在通过网络把多个成本相对较低的计算实体整合成一个具有强大计算能力的完美系统，并借助软件即服务（Software as a Service，SaaS）、平台即服务（Platform as a Service，PaaS）、基础设施即服务（Infrastructure as a Service，IaaS）、成功的项目群管理（Managing Successful Programme，MSP）等先进的商业模式把强大的计算能力分布到终端用户手中。云计算的一个核心理念就是通过不断提高"云"的处理能力，进而减少用户终端的处理负担，最终使用户终端简化成一个单纯的输入/输出设备，并能按需享受"云"的强大计算处理能力。

1.7　课后练习与指导

一、选择题

1. 一般认为，信息是（　　）。
　　A. 数据　　　　　　　　　　　　　　B. 人们关心的事情的消息
　　C. 一切事物运行状态和运动方式的表征　　D. 记录下来的可鉴别的符号
2. 美国科学家莫尔斯成功发明了有线电报和电码，拉开了（　　）信息技术发展的序幕。
　　A. 古代　　　　　　B. 近代　　　　　　C. 现代　　　　　　D. 第五次
3. 语言处理程序的发展经历了（　　）三个发展阶段。
　　A. 机器语言、BASIC 语言和 C 语言

B．机器语言、汇编语言和高级语言

C．二进制代码语言、机器语言和 FORTRAN 语言

D．机器语言、汇编语言和 C++语言

4．十六进制 FFFH 转换为二进制数为（   ）。

    A．111111111111

    C．010101010101

    B．101010101010

    D．100010001000

5．下面有关二进制的论述中，错误的是（   ）。

    A．二进制只有两位数

    B．二进制只有"0"和"1"两个数码

    C．二进制运算规则是逢二进一

    D．二进制数中右起第十位的 1 相当于 29

6．硬盘使用的外部总线接口标准有（   ）等多种。

    A．Bit-BUS、STF

    C．EGA、VGA、SVGAR

    B．IDE、EIDE、SCSI

    D．RS232、IEEE488

7．计算机中使用 Cache 的目的是（   ）。

    A．为 CPU 访问硬盘提供暂存区

    C．扩大内存容量

    B．缩短 CPU 等待读取内存的时间

    D．提高 CPU 的算术运算能力

8．计算机的基本组成原理中所述的五大部分包括（   ）。

    A．CPU、主机、电源、输入和输出设备

    B．控制器、运算器、存储器、高速缓存、输入和输出设备

    C．CPU、磁盘、键盘、显示器和电源

    D．控制器、运算器、存储器、输入和输出设备

9．计算机硬件能直接识别和执行的语言只有（   ）。

    A．高级语言   B．符号语言   C．汇编语言   D．机器语言

10．在计算机系统内部使用的汉字编码是（   ）。

    A．国际码   B．区位码   C．输入码   D．内码

11．计算机病毒主要是造成（   ）的破坏或丢失。

    A．磁盘   B．主机   C．光盘驱动器   D．程序和数据

12．Java 是一种（   ）。

    A．计算机语言   B．计算机设备   C．数据库   D．应用软件

13．ISDN 是（   ）的英文缩写。

    A．非对称数字用户线路

    C．综合业务数字网络

    B．电缆调制解调器

    D．移动电话系统

14．家电遥控器目前采用的传输介质往往是（   ）。

    A．微波   B．电磁波   C．红外线   D．无线电波

15．模拟信道带宽的基本单位是（   ）。

    A．bpm   B．bps   C．Hz   D．ppm

16．数字信道带宽的基本单位是（   ）。

    A．ppm   B．bpm   C．bps   D．Hz

17．在卫星通信系统中，覆盖整个赤道圆周至少需要（   ）颗地球同步卫星。

A. 1　　　　　B. 2　　　　　C. 3　　　　　D. 4

18. （　　）是利用有线电视网进行数据传输的宽带接入技术。

A. 56K Modem　　B. ISDN　　　　C. ADSL　　　　D. Cache MODEM

19. USB 通用串行接口总线理论上可支持（　　）个外接装置。

A. 64　　　　　B. 100　　　　　C. 127　　　　　D. 256

20. 串行接口 RS232 和 USB 相比较，在速度上是（　　）。

A. RS232 快　　　　　　　　　　B. 相同的

C. USB 快　　　　　　　　　　　D. 根据情况不确定的

21. 以下各种类型的存储器中，（　　）内的数据不能直接被 CPU 存取。

A. 外存　　　　　B. 内存　　　　　C. Cache　　　　　D. 寄存器

22. 目前常用计算机存储器的单元具有（　　）种状态，并能保持状态的稳定和在一定
条件下实现状态的转换。

A. 四　　　　　B. 三　　　　　C. 二　　　　　D. 一

23. CPU 内包含有控制器和（　　）两部分。

A. 运算器　　　　　B. 存储器　　　　　C. BIOS　　　　　D. 接口

24. 下面关于操作系统功能的论述中（　　）是错误的。

A. 操作系统管理系统资源并使之协调工作

B. 操作系统面向任务或过程，适合用于数据处理

C. 操作系统合理地组织计算机工作流程

D. 操作系统管理用户界面并提供良好的操作环境

25. 计算机主存多由半导体存储器组成，按读写特性可以分为（　　）两大类。

A. ROM 和 RAM　　　　　　　　　B. 内存和外存

C. Cache 和 RAM　　　　　　　　D. ROM 和 BIOS

二、填空题

（1）数据通信的定义是：依照通信协议，利用数据传输技术在两个功能单元之间传递数据信息，它可实现计算机与计算机、计算机与终端以及_____之间的数据信息传递。

（2）数据通信的任务是使双方完成数据交换，典型的数据通信系统由_____、_____、传输系统、接收器、目的站构成。

（3）通信系统一般模型主要包括_____、_____、_____、噪声源、接收设备和信宿六个部分。

第2章

Windows 7 操作系统

本章导读

▶ 熟悉 Windows 7 桌面的组成
▶ 掌握桌面、开始菜单与任务栏的操作和个性化的设置
▶ 熟悉 Windows 7 的智能搜索框和 Aero 界面管理的使用方法
▶ 熟练掌握 Windows 7 常用的系统设置的功能和方法
▶ 熟悉文件和文件夹的基本操作

2.1 了解 Windows 7 操作系统的工作环境

2.1.1 理解 Windows 7 的正常启动、用户切换和关闭方法

Windows 的正常启动需要计算机电源正常工作，数据线和硬件线路连接正确的基础上，启动计算机开机按钮，进入系统启动界面。

（1）启动后机器进入自检状态，正常启动出现"正在启动 Windows"字样和图标，完成启动后出现的界面如图 2-1 所示。

（2）用户单击【●】开始徽标，出现【关机】按钮，单击【关机】按钮文字右侧小箭头，弹出【切换用户】按钮。单击【切换用户】按钮出现用户登录界面。界面中间出现用户图标和"Administrator（管理员）"已登录。

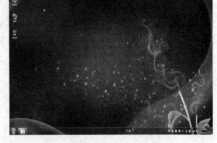

图 2-1　开机界面

（3）用户根据个人或家庭需要可设置多个账户。默认为"Administrator"账户，如图 2-2 所示。

（4）关闭 Windows 7 系统的方法有以下五种：

① 单击【●】开始徽标，在打开的菜单中单击【关机】按钮。

② 单击【●】开始徽标，在打开的菜单中单击【重新启动】按钮。

③ 单击【●】开始徽标，在打开的菜单中单击【睡眠】按钮。

④ 使用【Ctrl+Shift+Delete】组合键，弹出功能界面，单击【注销】按钮。

⑤ 使用【Ctrl+Shift+Delete】组合键，弹出功能界面，单击右下角的电源功能按钮，在弹出的菜单中选择"关机"选项。

图 2-2　管理员账户

2.1.2　操作系统的操作界面：窗口、对话框、菜单的基本组成和操作

在 Windows 7 操作系统中，窗口是用户界面中最重要的组成部分，对窗口的操作也是最基本的操作之一。显示屏幕区域被划分成许多框，这些框被称为窗口。窗口是屏幕上与应用程序相对应的矩形区域，是用户与产生该窗口的应用程序之间的可视界面，用户可随意在任意窗口上工作，并在各窗口之间交换信息。

1. 打开窗口的方法

用鼠标双击桌面计算机图标，或者在图标上用鼠标右键单击，在弹出的快捷菜单中选择"打开"菜单命令，如图 2-3 和图 2-4 所示。

图 2-3　计算机图标

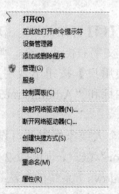

图 2-4　快捷菜单

显示屏幕弹出计算机窗口，如图 2-5 所示。

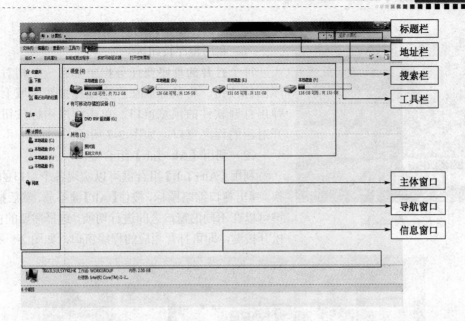

图 2-5 计算机窗口

2. 计算机窗口的组成部分

（1）标题栏：位于窗口最顶端，通过鼠标放在标题栏上操作可以移动窗口，在标题栏上双击可以改变窗口大小，标题栏按钮有最小化按钮【■】、最大化按钮【□】、还原按钮【□】和关闭按钮【■】。

（2）地址栏：Windows 7 操作系统中的地址栏可以通过单击右侧【▼】按钮，在弹出的列表中选择路径浏览文件。

（3）搜索栏：在地址栏中确定要查找内容的范围，在搜索栏中输入要查找的内容，主体窗口中显示匹配内容的文件。

（4）工具栏：包括文件、编辑、查看等菜单命令，提供可操作的各种工具。

（5）主体窗口：是窗口最重要的部分，占窗口比例最大，显示程序和内容的主要区域。

（6）导航窗口：窗口中文件夹列表以树状结构形式显示信息，从而方便用户快速地定位所需要的文件。

（7）信息窗口：显示当前操作的状态及提示信息，包括被选中文件的详细信息。

3. 窗口的排列方式

在 Windows 7 操作系统中可以同时打开多个窗口，当窗口全部处于显示状态时，需要对其进行排列，鼠标右击任务栏（位于最底端）弹出快捷菜单，显示窗口的 3 中排列方式，层叠窗口、堆叠显示窗口、并排显示窗口，如图 2-6 所示。

4. 窗口的切换浏览

在 Windows 7 操作系统中可以同时打开多个窗口，但是当前的活动窗口只有一个。若需要将所需要的窗口设置为当前活动窗口，可通

图 2-6 任务栏快捷菜单

过下列方法进行操作。

（1）利用程序按钮区。

图 2-7　程序图标

每个打开的程序在任务栏中都有一个相对应的程序图标按钮。将鼠标放在程序图标按钮区域上时，可弹出打开软件的预览窗口，单击程序图标按钮即可打开对应的程序窗口，如图 2-7 所示。

（2）利用【Alt+Tab】组合键。

利用【Alt+Tab】组合键可以实现各个窗口的快速切换。弹出窗口缩略图标，按住【Alt】键不放，然后按【Tab】键可以在不同的窗口之间进行切换，选择需要的窗口后，松开按键，即可打开相应的程序窗口，如图 2-8 所示。

图 2-8　多窗口切换

（3）File 3D（三维窗口切换）。

除了【Alt+Tab】组合键切换窗口，还可以按【Win+Tab】组合键将所有打开的窗口以一种立体的 3D 效果显示出来，即 File 3D 效果，如图 2-9 所示。

5. 对话框

对话框是 Windows 7 操作系统中实现用户与程序相互沟通的界面，用户通过对话框对系统中的程序进行设置。典型的对话框由标题栏、选项卡、文本框、列表框、按钮等项目组成。"系统属性"对话框，如图 2-10 所示。

图 2-9　File 3D 效果切换

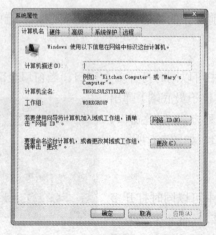

图 2-10　"系统属性"对话框

6. 菜单

用户可以从菜单中选择所需的命令来指示应用程序执行相应的操作。

菜单栏位于窗口标题下方的显示行,主窗口和应用程序窗口都有适用于各自窗口操作的菜单栏,每个菜单栏上有若干类命令,每类命令称之为菜单项。单击菜单项可展开其下拉式菜单,下拉式菜单中的每一项称为命令项。单击命令时会显示对话框,如果命令以灰色显示,则命令不可用。有些菜单根本就不是命令,它会打开其他菜单。

2.1.3 文件打开方式设置

在 Windows 7 操作系统中,在设置打开文件方式时首先要知道文件类型,文件的类型由文件的扩展名来标识。

文件打开方式设置:右击文件弹出快捷菜单,单击属性项出现该文件的属性对话框,在常规选项卡中选择打开方式进行设置或更改。

2.2 Windows 7 基础

2.2.1 Windows 7 的桌面

1. 桌面主题的概念、自定义和保存

(1)桌面是打开计算机并登录到 Windows 7 之后看到的主屏幕区域,是用户工作的主平面。打开程序或文件夹时,它们便会出现在桌面上。

Windows 桌面主题简称桌面主题、主题,微软官方的定义是背景加一组声音,图标以及只需要单击即可帮您个性化设置您的计算机元素。通俗地说,桌面主题就是不同风格的桌面背景、操作窗口、系统按钮,以及活动窗口和自定义颜色、字体等的组合体。

桌面主题的各个部分。

① 桌面背景:为您打开的窗口提供背景的图片、颜色或设计。桌面背景可以是单张图片或幻灯片。您可以从 Windows 附随的桌面背景图片中选择,也可使用用户自己的图片。以下系统中提供的一些桌面背景,如图 2-11 所示。

图 2-11　桌面背景图片

② 窗口边框颜色:用户的窗口边框、任务栏和“开始”菜单的颜色。以下功能中可用的窗口边框颜色,如图 2-12 所示。

图 2-12　窗口颜色

③ 声音：在计算机上发生事件时听到的相关声音的集合。

④ 屏幕保护程序：在指定的一段时间内没有使用鼠标或键盘后，计算机屏幕上显示的移动图片或图案。

（2）主题的自定义

单击要应用于桌面的任何主题，然后更改该主题的每个部分，直到桌面背景、窗口边框颜色、声音和屏幕保护程序符合要求。所做的所有更改将作为未保存的主题保存在"我的主题"下，如图 2-13 所示。

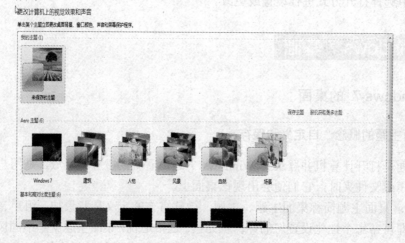

图 2-13　未保存的主题

如果您对新主题的显示和声音感到满意，则可以保存该主题，以便随时使用它。

（3）保存主题

通过单击开始【■】徽标按钮，然后单击"控制面板"，打开"个性化"。在搜索框中，输入个性化，然后单击"个性化"。单击您自定义的主题，以将其应用于桌面。单击"保存主题"。输入该主题的名称，然后单击【保存】按钮。

此时该主题名称将出现在"我的主题"下。

2. 背景图片、桌面图标、小工具的设置

（1）背景图片。是用你喜欢的照片作为的桌面背景图片，该背景图片可以是照片、也可以是从互联网上获取的图片。通过右键单击桌面，弹出快捷菜单，选取"个性化"，在弹出的窗口中单击"桌面背景"，浏览自定义图片位置，进行设置。

（2）桌面图标是代表文件、文件夹、程序和其他项目的小图片。显示一些桌面图标如图 2-14 所示。

计算机　控制面板　网络　回收站

图 2-14　桌面图标

双击桌面图标会启动或打开它所代表的项目。

从桌面上添加和删除图标，可以选择要显示在桌面上的图标，可以随时添加或删除图标。常用的桌面图标包括"计算机"、"个人文件夹"、"回收站"和"控制面板"。

（3）桌面小工具即称为"小工具"的小程序，这些小程序可以提供即时信息以及可轻松访问常用工具的途径。Windows 7 随附的一些小工具包括日历、时钟、天气、源标题、幻灯片放映和图片拼图板，如图 2-15 所示。

图 2-15 小工具面板

桌面小工具可以保留信息和工具，供用户随时使用。

（1）时钟的使用，右键单击"时钟"时，将会显示可对该小工具进行的操作列表，其中包括关闭"时钟"、将其保持在打开窗口的前端和更改"时钟"的选项（如名称、时区和外观）。

（2）幻灯片的使用，将指针放在幻灯片小工具上，它会在你的计算机上显示连续的图片幻灯片。右键单击幻灯片并单击"选项"，可以选择幻灯片中显示的图片、控制幻灯片的放映速度以及更改图片之间的过渡效果。还可以右键单击幻灯片并指向"大小"以更改小工具的大小。

（3）源标题的工作，源标题可以显示网站中经常更新的标题，该网站可以提供"源"（也称为 RSS 源、XML 源、综合内容或 Web 源）。网站常常使用信息源来发布新闻和博客。若要接收源，需要 Internet 连接。默认情况下，源标题不会显示任何标题。若要开始显示一个较小的预选标题集，请单击"查看标题"。单击"查看标题"之后，可以右键单击"源标题"并单击"选项"从可用源列表中进行选择。可以从 Web 中选择自己的源来添加到此列表中。

3. 快捷方式的概念、创建、修改、使用、删除

（1）快捷方式是指向计算机上某个对象（如文件、文件夹或程序）的链接。可以创建快捷方式，然后将其放置在方便的位置，如桌面上或导航窗格（左窗格）的"收藏夹"部分，以便可以方便地访问快捷方式链接到的对象。快捷方式图标上的箭头可用来区分快捷方式和原始文件，如图 2-16 所示。

图 2-16 文件图标和快捷方式图标

（2）创建快捷方式：打开要创建快捷方式的所在的位置。

右键单击该对象，然后单击"创建快捷方式"。新的快捷方式将出现在原始对象所在的位置上。

将新的快捷方式拖动到所需位置。如果快捷方式链接到某个文件夹，则可以将其拖动到左窗格中的"收藏夹"部分，以创建收藏夹链接。

创建快捷方式的另一种方法是将地址栏（位于任何文件夹窗口的顶部）左侧的图标拖动到"桌面"等位置。这是为当前打开的文件夹创建快捷方式的快速方法。

还可以通过将 Web 浏览器中的地址栏左侧的图标拖动到"桌面"等位置来创建指向网站的快捷方式。

（3）修改快捷方式：右键单击快捷方式，弹出快捷菜单，选择"属性"菜单命令。在属性对话框快捷方式项中修改内容。

（4）使用快捷方式：双击建立的快捷方式，可以运行相应的程序和打开指向的文档或文件夹。

（5）删除快捷方式：右键单击要删除的快捷方式，选择"删除"选项，然后单击【是】按钮。在删除快捷方式时，只会删除快捷方式，不会删除原始项。

2.2.2 "开始"菜单

1. "开始"菜单的组成

"开始"菜单是计算机程序、文件夹和设置的主门户。之所以称之为"菜单"，是因为它提供一个选项列表，就像餐馆里的菜单那样。至于"开始"的含义，在于它通常是您要启动或打开某项内容的位置，如图 2-17 所示。

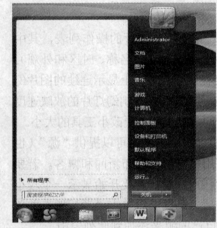

图 2-17 "开始"菜单

使用"开始"菜单可执行这些常见的活动：如启动程序，打开常用的文件夹，搜索文件、文件夹和程序，调整计算机设置，获取有关 Windows 操作系统的帮助信息，关闭计算机，注销 Windows 或切换到其他用户账户。

"开始"菜单由三个主要部分组成：

（1）左边的大窗格显示计算机上程序的一个短列表。单击"所有程序"可显示程序的完整列表。

（2）左边窗格的底部是搜索框，通过输入搜索项可在计算机上查找程序和文件。

（3）右边窗格提供对常用文件夹、文件、设置和功能的访问。在这里还可注销 Windows 或关闭计算机。

"开始"菜单最常见的一个用途是打开计算机上安装的程序。若要打开"开始"菜单左边窗格中显示的程序，可单击它，该程序就打开了，并且"开始"菜单随之关闭。

如果看不到所需的程序，可单击左边窗格底部的"所有程序"。左边窗格会按字母顺序显示程序的长列表，后跟一个文件夹列表。

单击其中一个程序图标即可启动对应的程序，然后关闭"开始"菜单。例如，单击"附件"就会显示存储在该文件夹中的程序列表。单击任一程序可将其打开。若要返回到刚打开"开始"菜单时看到的程序，可单击菜单底部的【后退】按钮。

如果不清楚某个程序是做什么用的，可将指针移动到其图标或名称上。会出现一个框，该框通常包含了对该程序的描述。例如，指向"计算器"时会显示这样的消息："使用屏幕"计算器"执行基本的算术任务。"此操作也适用于"开始"菜单右边窗格中的项。

随着时间的推移，"开始"菜单中的程序列表也会发生变化。首先，安装新程序时，新程序会添加到"所有程序"列表中。其次，"开始"菜单会检测最常用的程序，并将其置于左边窗格中以便快速访问。

"开始"菜单的右边窗格中包含您很可能经常使用的部分 Windows 链接。从上到下有：

（1）个人文件夹。打开个人文件夹（它是根据当前登录到 Windows 的用户命名的）。例如，如果当前用户是 Administrator，则该文件夹的名称为 Administrator。此文件夹还包含特定于用户的文件，其中包括"我的文档"、"我的音乐"、"我的图片"和"我的视频"文件夹。

（2）文档。打开"文档"库，可以在这里访问和打开文本文件、电子表格、演示文稿以及其他类型的文档。

（3）图片。打开"图片库"，可以在这里访问和查看数字图片及图形文件。

（4）音乐。打开"音乐库"，可以在这里访问和播放音乐及其他音频文件。

（5）游戏。打开"游戏"文件夹，可以在这里访问计算机上的所有游戏。

（6）计算机。打开一个窗口，可以在这里访问磁盘驱动器、照相机、打印机、扫描仪及其他连接到计算机的硬件。

（7）控制面板。打开"控制面板"，可以在这里自定义计算机的外观和功能、安装或卸载程序、设置网络连接和管理用户账户。

（8）设备和打印机。打开一个窗口，可以在这里查看有关打印机、鼠标和计算机上安装的其他设备的信息。

（9）默认程序。打开一个窗口，可以在这里选择要让 Windows 运行用于诸如 Web 浏览活动的程序。

（10）帮助和支持。打开 Windows 帮助和支持，可以在这里浏览和搜索有关使用 Windows 和计算机的帮助主题。

右窗格的底部是"关机"按钮。单击【关机】按钮关闭计算机。单击【关机】按钮旁边的箭头可显示一个带有其他选项的菜单，可用来切换用户、注销、重新启动或关闭计算机。

2. 程序列表和跳转列表的作用和操作

Windows 7 的"开始"菜单分为左、右窗格两部分，左侧窗格显示常用的程序列表，右侧窗格是系统功能。操作简便使用户可以轻松访问程序，提高效率。

Windows 7 为"开始"菜单和任务栏引入了"跳转列表"。"跳转列表"是最近使用的项目列表，如文件、文件夹或网站，这些项目按照用来打开它们的程序进行组织。除了能够使用"跳转列表"打开最近使用的项目之外，还可以将收藏夹锁定到"跳转列表"，以便可以轻松访问每天使用的程序和文件，如图 2-18 所示。

默认情况下，"开始"菜单中不会锁定任何便于启动的程序或文件。第一次打开某个程序或项目之后，该程序或项目将出现在"开始"菜单中，但您可以选择删除它，也可以将其锁定到"开始"菜单以便它始终出现在此处，还可以调整出现在"开始"菜单中的快捷方式数量。

图 2-18 跳转列表

3. 开始菜单搜索框的作用和应用

搜索框是在计算机上查找项目的最便捷方法之一。搜索框将遍历您的程序以及个人文件

夹（包括"文档"、"图片"、"音乐"、"桌面"以及其他常见位置）中的所有文件夹，因此是否提供项目的确切位置并不重要。它还将搜索您的电子邮件、已保存的即时消息、约会和联系人。如图 2-19 所示。

图 2-19 "开始"菜单搜索框

若要使用搜索框，请打开"开始"菜单并开始输入搜索项。不必先在框中单击。输入之后，搜索结果将显示在"开始"菜单左边窗格中的搜索框上方。

对于以下情况，程序、文件和文件夹将作为搜索结果显示：

标题中的任何文字与搜索项匹配或以搜索项开头。该文件实际内容中的任何文本（如字处理文档中的文本）与搜索项匹配或以搜索项开头。文件属性中的任何文字（例如作者）与搜索项匹配或以搜索项开头。单击任一搜索结果可将其打开。或者单击【清除】按钮✕清除搜索结果并返回到主程序列表。还可以单击"查看更多结果"以搜索整个计算机。

除可搜索程序、文件和文件夹以及通信之外，搜索框还可搜索 Internet 收藏夹和您访问过的网站的历史记录。如果这些网页中的任何一个包含搜索项，则该网页会出现在名为"文件"的标题下。

2.2.3 任务栏

1. 按钮区分组管理、预览功能

任务栏是位于屏幕底部的水平长条。由三部分组成："开始"按钮可以打开"开始"菜单，通知区域显示时钟、电池及一些特定程序的图标，中间部分显示打开的程序和文件。

使用 Windows 7 时，打开的每个程序都在任务栏中间部分显示独立图标。使底部看上去非常整齐，在同时打开多个相同程序时，任务栏图标的外观会出现分组管理方式。我们还可以通过单击和拖曳操作重新排列任务栏图标的顺序，如图 2-20 所示。

图 2-20 任务栏上的程序图标

窗口预览功能：在桌面上打开多个窗口的情况下，将鼠标指向任务栏按钮，与该按钮关联的所有打开窗口的预览将出现在任务栏上方。看到当前已为该程序打开的所有项目的缩略图视图。单击缩略图可使该窗口显示在桌面前方。

2. 按钮区跳转列表、程序项锁定的基本操作

在任务栏上，对于已固定到任务栏的程序和当前正在运行的程序，会出现"跳转列表"。可以通过右键单击任务栏按钮或将按钮拖动到桌面来查看某个程序的跳转列表。然后从跳转列表单击打开这些项目，如图 2-21 所示。

图 2-21 任务栏上的跳转列表

在 Windows 7 中，还可以将程序锁定到任务栏中的任意位置。通过将程序锁定到任务栏，您只需单击一次鼠标即可打开程序。

3. 通知区域和显示桌面功能及基本操作

通知区域位于任务栏的最右侧，包括时间和系统图标，如图 2-22 所示。

这些图标表示计算机上某程序的状态，或提供访问特定设置的途径。我们看到的图标集取决于 Windows 7 安装的程序或服务以及计算机制造商设置计算机的方式。

图 2-22　任务栏上的通知区域

将指针移向特定图标时，会看到该图标的名称或某个设置的状态。如指向音量图标 将显示计算机的当前音量级别。指向网络有线图标 或无线图标 将显示有关是否连接到网络、连接速度以及信号强度的信息。

双击通知区域中的图标通常会打开与其相关的程序或设置。例如，双击音量图标会打开音量控件。双击网络图标会打开"网络和共享中心"。

在对计算机添加新的硬件设备之后，通知区域中的图标会显示小的弹出窗口（称为通知），向您通知某些信息。

单击通知右上角的【关闭】按钮 可关闭该消息。如果没有执行任何操作，则几秒钟之后，通知会自行消失。

为了减少混乱，如果在一段时间内没有使用图标，Windows 会将其隐藏在通知区域中。如果图标变为隐藏，则单击【显示隐藏的图标】按钮可临时显示隐藏的图标，如图 2-23 所示。

"显示桌面"按钮已从"开始"按钮那里移动到任务栏的另一端，这样可以很容易地单击或指向此按钮，不会意外打开"开始"按钮，如图 2-24 所示。

图 2-23　"显示隐藏的图标"按钮

图 2-24　"显示桌面"按钮

除了单击【显示桌面】按钮显示桌面，还可以通过只将鼠标指向"显示桌面"按钮（不用单击）来临时查看或快速查看桌面。指向任务栏末端的"显示桌面"按钮时，所有打开的窗口都会淡出视图，以显示桌面。若要再次显示这些窗口，只需将鼠标移开"显示桌面"按钮。

2.2.4　掌握多任务间数据传递

剪贴板是从一个地方复制或移动并打算在其他地方使用的信息的临时存储区域。可以选择文本或图形，然后使用"剪切"或"复制"命令将所选内容移至剪贴板，在使用"粘贴"命令将该内容插入到其他地方之前，它会一直存储在剪贴板中。剪贴板不可见，因此即使使用它来复制和粘贴信息，实际上在执行操作时也绝不会看到剪贴板。

通过在文件中的信息上拖动鼠标指针，选择要复制的信息。右键单击所选信息，然后单击"复制"命令，将其复制到剪贴板。打开要复制到的文件，右键单击要插入信息的地点，然后单击"粘贴"命令。

可以使用同样的方法复制任意种类的信息，包括声音和图片。例如，在"画图"中，可以选择图片的一部分并将其复制到剪贴板，然后粘贴到可以显示图片的其他程序。甚至可以将全部文件从一个文件夹复制粘贴到另一个文件夹。最容易的复制粘贴方法是使用键盘上的快捷键【Ctrl+C】（复制）和【Ctrl+V】（粘贴）。

剪贴板一次只能保留一条信息。每次将信息复制到剪贴板时，剪贴板中的旧信息均由新信息所替换。

2.3 Windows 7 文件与文件夹管理

2.3.1 文件夹概念

文件是存储在计算机上各类数据的集合，依据数据的不同作用形成各种格式文件，如图 2-25 所示。

文件夹是一个文件的集合。每个文件都存储在文件夹或"子文件夹"（文件夹中的文件夹）中。可以单击导航窗格（左窗格）中的"计算机"来访问所有文件夹，如图 2-26 所示。

图 2-25 文件

图 2-26 文件夹

2.3.2 文件与文件夹管理文件类型、属性

文件可以分为文本文件、图像文件、照片文件、压缩文件、音频文件、视频文件等。不同的文件类型，往往其图标不一样，查看方式也不一样，只有安装了相应的软件，才能查看文件的内容，如表 2-1 所示。

表 2-1 常见文件类型

文件扩展名	文 件 简 介
.txt	文本文件，用于存储无格式的文字信息
.doc 或.docx	Word 文件，使用 Microsoft Office Word 创建
.xls	Excel 电子表格文件，使用 Microsoft Office Excel 创建
.ppt	PowerPoint 幻灯片文件，使用 Microsoft Office PowerPoint 创建
.pdf	PDF 是 Portable Document Format（便携文件格式）的缩写，是一种电子文件格式，与操作系统平台无关
.jpeg	广泛使用的压缩图像文件格式，显示文件的颜色没有限制，效果好，体积小
.psd	Photoshop 生成的文件，可保存各种 Photoshop 中的专用属性，如图层、通道等信息，体积较大
.gif	用于互联网的压缩文件格式，只能显示 256 种颜色，不过可以显示多帧动画
.bmp	位图文件，不压缩的文件格式，显示文件的颜色没有限制，效果好，唯一的缺点就是文件体积大
.Png	.png 文件能够提供长度比.gif 文件小 30%的无损压缩图像文件，是网络上比较受欢迎的图片格式之一
.rar	通过 RAR 算法压缩的文件，目前使用较为广泛
.zip	使用 ZIP 算法压缩的文件，历史比较悠久
.Jar	用于 Java 程序打包的压缩文件
.cab	微软制定的压缩文件格式，用于各种软件压缩和发布

续表

文件扩展名	文件简介
.wav	波形声音文件，通常通过直接录制采样生成，其体积比较大
.mp3	使用 mp3 格式压缩存储的声音文件，是使用最为广泛的声音文件格式之一
.wma	微软公司制定的声音文件格式，可被媒体播放机直接播放，体积小，便于传播
.ra	RealPlayer 声音文件，广泛用于网络的声音播放
.swf	Flash 视频文件，通过 Flash 软件制作并输出的视频文件，用于网络的传播
.avi	使用 MPG4 编码的视频文件，用于存储高质量视频文件
.wmv	微软公司制定的视频文件格式，可被媒体播放机直接播放，体积小，便于传播
.rm	RealPlayer 视频文件，广泛用于网络的视频播放
.exe	可执行文件，二进制信息，可以被计算机直接执行
.ico	图标文件，固定大小和尺寸的图标图片
.dll	动态链接库文件，被可执行程序所调用，用于功能封装

注意：在同一位置不允许存储两个同名文件，文件名最长可达 256 个字符，文件名允许使用空格，以下字符（英文输入法状态下）<、>、/、\、|、:、"、*、?不允许出现在文件名中。

2.3.3 文件与文件夹操作

1. 创建新文件

创建新文件的最常见方式是使用程序。例如，可以在字处理程序中创建文本文档或者在视频编辑程序中创建电影文件。

有些程序一经打开就会创建文件。例如，打开写字板时，它使用空白页启动。这表示空（且未保存）文件。开始输入内容，并在准备好保存您的工作时，单击【保存】按钮 📄。在所显示的对话框中，输入文件名（文件名有助于以后再次查找文件），然后单击【保存】按钮。

默认情况下，大多数程序将文件保存在常见文件夹（如"我的文档"和"我的图片"）中，这便于下次再次查找文件。

2. 文件与文件夹的查看和排列

在打开文件夹时，可以更改文件在窗口中的显示方式。例如，可以首选较大（或较小）图标或者首选允许查看每个文件的不同种类信息的视图。若要执行这些更改操作，请使用工具栏中的"视图"按钮 ▦▾。

每次单击【视图】按钮的左侧时都会更改显示文件和文件夹的方式，在 5 个不同的视图间循环切换："图标"、"列表"、"详细信息"、"平铺"和"内容"的视图。

如果单击【视图】按钮右侧的箭头，则还有更多选项。向上或向下移动滑块可以微调文件和文件夹图标的大小。随着滑块的移动，可以查看图标更改大小，如图 2-27 所示。

图 2-27 视图选项

3. 打开文件

若要打开某个文件，请双击它。该文件将通常在您曾用于创建或更改它的程序中打开。例如，文本文件将在您的字处理程序中打开。

另外，双击某个图片文件通常打开图片查看器。若要更改图片，则需要使用其他程序。右键单击该文件，单击"打开方式"，然后单击要使用的程序的名称。

4. 复制和移动文件和文件夹

有时，可能希望更改文件在计算机中的存储位置。例如，可能要将文件移动到其他文件夹或将其复制到可移动媒体（如 CD 或内存卡）与其他设备共享。

多数时候使用"拖放"的方法复制和移动文件。首先打开包含要移动的文件或文件夹的文件夹。然后，在其他窗口中打开要将其移动到的文件夹。将两个窗口并排置于桌面上，以便可以同时看到它们的内容。

接着，从第一个文件夹将文件或文件夹拖动到第二个文件夹，这就是要执行的所有操作。如图 2-28 所示。

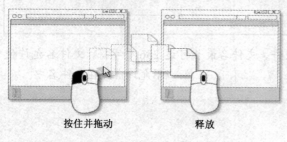

按住并拖动　　　　释放

图 2-28 "拖放"操作

若要复制或移动文件，请将其从一个窗口拖动到另一个窗口。使用拖放方法时，要注意有时是复制文件或文件夹，而有时是移动文件或文件夹。如果在存储在同一个硬盘上的两个文件夹之间拖动某个对象，则是移动该对象，这样就不会在同一位置上创建相同文件或文件夹的两个副本。如果将对象拖动到其他位置（如网络位置或内存卡）中的文件夹和文件夹则会复制该对象。

一般在桌面上排列两个窗口的最简单方法是使用"鼠标拖曳操作"。

2.3.4 删除与恢复、查找、属性设置

1. 删除文件

当不再需要某个文件时，可以从计算机中将其删除以节约硬盘空间并保持计算机不为无用文件所干扰。若要删除某个文件，请打开包含该文件的文件夹，然后选中该文件。按键盘上的【Delete】键，然后在"删除文件"对话框中，单击【是】按钮。

删除文件进入"回收站"，清空"回收站"可以释放被占用的硬盘空间。

2. 恢复

删除文件时，文件会被临时存储在"回收站"中。"回收站"可视为最后的安全屏障，它可恢复意外删除的文件或文件夹。打开"回收站"，右键单击被删除的文件，选择"还原"命令，文件被恢复到原删除位置。

3. 查找文件

查找文件可能意味着浏览数百个文件和子文件夹，这不是轻松的任务。为了省时省力，可以使用搜索框查找文件。如图 2-29 所示。

搜索框位于每个窗口的顶部。若要查找文件，请打开要查找的文件范围（硬盘或文件夹）作为搜索的起点，然后单击搜索框并输入文

图 2-29 搜索框

本。搜索框基于所输入文本筛选当前视图。如果搜索字词与文件的名称、标记或其他属性，甚至文本文档内的文本相匹配，则将文件作为搜索结果显示出来。

　　如果基于属性（如文件类型）搜索文件，可以在开始输入文本前，通过单击搜索框，然后单击搜索框正下方的某一属性来缩小搜索范围。这样会在搜索文本中添加一条"搜索筛选器"（如"类型"），它将为您提供更准确的结果。

　　如果没有看到查找的文件，则可以通过单击搜索结果底部的某一选项来更改整个搜索范围。

4．属性设置

　　选中要修改的文件，右键单击该文件，弹出快捷菜单，选中"属性"命令，弹出该文件的属性对话框，我们可以在其属性对话框中进行修改，在常规中选取只读，确定后该文件不可修改，如图 2-30 所示。

图 2-30　属性对话框

2.4　Windows 7 系统工具

2.4.1　磁盘管理

1．创建和格式化硬盘分区

　　若要在硬盘上创建分区或卷（这两个术语通常互换使用），用户必须以管理员身份登录，并且硬盘上必须有未分配的磁盘空间或者在硬盘上的扩展分区内必须有可用空间。

　　如果没有未分配的磁盘空间，则可以通过压缩现有分区、删除分区或使用第三方分区程序创建一些空间。

　　创建和格式化新分区（卷）的步骤如下：

　　（1）通过依次单击"开始"→"控制面板"→"管理工具"→"计算机管理"，打开"计算机管理"窗口，如图 2-31 所示。

　　（2）在左侧窗格中的"存储"下面，单击"磁盘管理"。

　　（3）右键单击硬盘上未分配的区域，然后单击"新建简单卷"。

　　（4）在"新建简单卷向导"中，单击【下一步】按钮。

　　（5）输入要创建的卷的大小（MB）或接受最大默认大小，然后单击【下一步】按钮。

　　（6）接受默认驱动器号或选择其他驱动器号以标识分区，然后单击【下一步】按钮。

图 2-31　"计算机管理"窗口

在"格式化分区"对话框中，执行下列操作之一：

　　（1）如果你不想立即格式化该卷，请单击"不要格式化这个卷"，然后单击【下一步】按钮。若要使用默认设置格式化该卷，请单击【下一步】按钮。

　　（2）查看你的选择，然后单击【完成】按钮。

　　另外，在基本磁盘上创建新分区时，前三个分区将被格式化为主分区。从第四个分区开始，会将每个分区配置为扩展分区内的逻辑驱动器。

格式化现有分区（卷）的步骤：

（1）在执行以下操作时，请确保备份所有要保存的数据，然后才开始操作。格式化卷将会破坏分区上的所有数据。

（2）通过依次单击"开始"→"控制面板"→"系统和安全"→"管理工具"→"计算机管理"，打开"计算机管理"窗口。

（3）在左侧窗格中的"存储"下面，单击"磁盘管理"。

（4）右键单击要格式化的卷，然后单击"格式化"。

（5）若要使用默认设置格式化卷，请在"格式化"对话框中，单击【确定】按钮，然后再次单击【确定】按钮。

另外，无法对当前正在使用的磁盘或分区（包括包含 Windows 的分区）进行格式化。

"执行快速格式化"选项将创建新的文件表，但不会完全覆盖或擦除卷。"快速格式化"比普通格式化快得多，后者会完全擦除卷上现有的所有数据。

2. 备份文件

为了确保用户不会丢失您的文件，应当定期备份这些文件。可以设置自动备份或者随时手动备份文件。

备份文件的步骤：打开"备份和还原"，方法是依次单击"开始"→"控制面板"，然后单击"备份和还原"。

请执行下列操作之一：

（1）如果以前从未使用过 Windows 备份，请单击"设置备份"，然后按照向导中的步骤操作。

（2）如果以前创建过备份，则可以等待定期计划备份发生，或者可以通过单击"立即备份"手动创建新备份。

另外：我们建议不要将文件备份到安装 Windows 的硬盘中。

始终将用于备份的介质（移动硬盘、DVD）存储在安全的位置，以防止未经授权的人员访问您的文件。

图 2-32　磁盘属性

2.4.2　磁盘信息的查看

要查看磁盘信息，右键单击本地磁盘，选择"属性"命令，弹出本地磁盘属性对话框。选择你要查看的项目，如图 2-32 所示。

除了查看磁盘信息外，我们还可以查看系统信息，依次单击"开始"→"控制面板"→"性能信息和工具"→"高级工具"，打开"高级工具"。弹出使用这些工具获得其他性能信息的对话框。

打开"系统信息"窗口，可查看高级的系统详细信息，如图 2-33 所示。

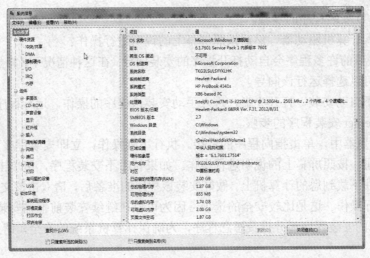

图 2-33　系统信息

打开"资源监视器"窗口，如图 2-34 所示。

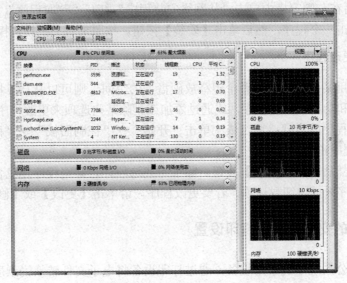

图 2-34　"资源监视器"窗口

通过查看更多详细的信息。使我们对计算机系统有更加深刻的认识和了解。

2.5　Windows 7 软件管理

2.5.1　程序的安装与卸载

1．安装程序

使用 Windows 中附带的程序和功能可以执行许多操作，但可能还需要安装其他程序。

如何添加程序取决于程序的安装文件所处的位置。通常，程序从 DVD、Internet 或从网络安装。

（1）从 DVD 安装程序的步骤。

将光盘插入计算机驱动器，然后按照屏幕上的说明进行操作。

从 DVD 安装的许多程序会自动打开程序的安装向导。在这种情况下，将显示"自动播放"对话框，然后可以选择运行该向导。

如果程序不自动安装，打开光盘，进入手动安装该程序的操作，运行程序的安装文件。

（2）从 Internet 安装程序的步骤。

在 Web 浏览器中，单击指向程序的链接。执行下列操作：立即安装程序，单击【打开】或【运行】按钮，按照屏幕上的说明进行操作。如果暂时不安装程序，请单击【保存】按钮，然后将安装文件下载到您的计算机上。做好安装该程序的准备后，请双击该文件，然后按照屏幕上的说明进行操作。这是比较安全的选项，因为可以在继续安装前扫描安装文件中的病毒。从 Internet 下载的安装程序部分携带恶意程序，为确保计算机系统的安全，请到值得信任的网站下载程序。

（3）从网络安装程序的步骤。

我们可以从控制面板安装程序。通过依次单击"开始"→"控制面板"→"程序"→"程序和功能"，然后在左侧窗格中单击"从网络安装程序"打开"获取程序"。

在列表中单击一个程序，然后单击【安装】按钮。按照屏幕上的说明操作。

2. 卸载或更改程序

如果不再使用某个程序，或者希望释放硬盘上的空间，则可以从计算机上卸载该程序。可以使用"程序和功能"卸载程序，或通过添加或删除某些选项来更改程序配置。

卸载或更改程序的步骤：通过依次单击"开始"→"控制面板"→"程序"→"程序和功能"，打开"程序和功能"。

选择程序，然后单击【卸载】按钮。除了卸载选项外，某些程序还包含更改或修复程序选项，但许多程序只提供卸载选项。若要更改程序，请单击【更改】或【修复】按钮。

2.5.2　打印机的安装与默认打印设置

打印机是办公系统中的常用设备，通过打印设备将电子文件转换为纸质文件。我们的任务是掌握如何正确使用打印机的方法。

一般的方法通过购买打印机时设备的附件（驱动光盘），进行打印机驱动程序的安装，根据安装向导，连接打印机与计算机设备，完成后可进行测试页打印，确认打印设备正常工作。

第二种方法：通过依次单击"开始"→"设备和打印机"，弹出如图 2-35 所示的对话框。

单击"添加打印机"，选择"添加本地打印机"选项，进入选择打印机端口，选择"使用现有的端口"单选按钮，下一步选择厂商和打印机型号。确定后添加打印机名称，设置打印机共享选项，完成打印机的添加。

2.5.3　打印参数设置、打印文档、查看打印队列

1. 设置打印机属性

依次单击"开始"→"控制面板"→"硬件和声音"→"设备和打印机"，打开已安装完

毕的"HP LaserJet 5200LX PCL 6"打印机设备，如图 2-36 所示。

图 2-35　设备和打印机对话框　　　　　图 2-36　打印机对话框

右键单击"自定义您的打印机"选项，弹出打印机属性对话框，对打印机系统和打印参数进行设置，如图 2-37 所示。

单击【首选项】按钮，弹出打印首选项对话框，如图 2-38 所示。

图 2-37　打印机属性对话框　　　　　图 2-38　打印首选项对话框

2. 打印文档

（1）右键单击打印文件，在弹出的快捷菜单中选择"打印"命令。
（2）打开文件，选择文件菜单中的打印选项，进行打印。

3. 查看打印队列

选择单击打印机对话框中的"查看正在打印的内容"。另外，右键单击任务栏右侧的打印机图标，打开其快捷菜单，选择"打开所有活动打印机"
选项，弹出如图 2-39 所示对话框。显示打印文档的当前
状态，用户可以选择"打印机"菜单进行状态修改。

2.5.4　中文输入法选用

在输入文本或编辑文档时需使用不同的语言，我们

图 2-39　当前打印状态

通过添加或更改的方式输入语言。

Windows 7 中包含多种输入语言，添加语言的步骤如下。

方法一，通过依次单击"开始"→"控制面板"→"区域和语言选项"，打开"区域和语言选项"对话框。单击"键盘和语言"选项卡，然后单击"更改键盘"。在"已安装的服务"下，单击【添加】按钮。

方法二，右击任务栏右侧语言图标，选择"设置"菜单，弹出"文本服务和输入语言"对话框，在"已安装的服务"下，单击【添加】按钮，如图 2-40 所示。

双击要添加的语言，双击"键盘"，选择要添加的文本服务选项，然后单击【确定】按钮。

更改输入语言的步骤：在更改要使用的输入语言之前，需要确保已经添加输入语言。单击语言栏上的"输入语言"按钮，然后单击要使用的输入语言，如图 2-41 所示。

图 2-40　添加语言

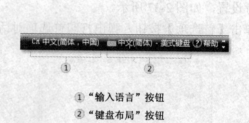

① "输入语言"按钮
② "键盘布局"按钮

图 2-41　语言栏

如果没有看到语言栏，请右键单击任务栏，接着指向"工具栏"，然后单击"语言栏"。除了更改输入语言之外，还可为某种特定语言或格式自定义您的键盘。

2.6　Windows 7 项目实训

2.6.1　项目一：文件和文件夹创建及相关设置

实训目的：掌握文件夹和文件的创建、属性查看和设置；

要求：在 D 盘下创建两个名为 ta、tb 的文件夹，其中 ta 文件夹的属性设置为"只读"和"隐藏"。在 tb 文件夹下创建一个名为 st4.txt 的文本文件，文本内容为"和谐"。

操作步骤：

（1）在资源管理器的左窗格中选定 D:为当前文件夹，如图 2-42 所示，在右窗格先后右击窗格空白处，执行快捷菜单中的"新建/文件夹"命令两次，分别创建 ta、tb 文件夹。

（2）选中 D:\ta 文件夹，选择"组织/属性"命令，在"常规"选项卡中，勾选"只读"和"隐藏"属性，如图 2-43 所示，单击【确定】按钮完成设置。

（3）在左窗格选定 D:\tb 为当前文件夹，利用快捷菜单新建 st4.txt 空白文本文档。

（4）双击打开 st4.txt 文本文件，输入"和谐"。保存文件后退出。

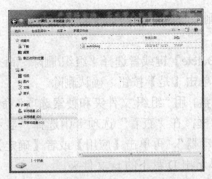 

图 2-42　文件夹和文件的创建　　　　图 2-43　文件夹和文件的属性

2.6.2　项目二：搜索文件

实训目的：掌握文件和文件夹的查找、复制和修改文件名；

要求：在 C 盘上查找"计算器"文件（"calc.exe"），找到后复制到 D:\sx 文件夹下并修改文件名为"jisuanji.ini"。

操作步骤：

（1）在资源管理器的左窗格中选择 C 盘，使其成为当前目录，在右上角搜索框上，按需求输入关键词"calc.exe"。当关键字开始输入，搜索就已经开始。随着输入的关键字符的增多，搜索的结果会反复筛选，直到搜索完成显示满足条件的结果。搜索结果显示在右窗格，如图 2-44 所示。

图 2-44　文件夹和文件的搜索

（2）选中源文件 calc.exe，选择"组织"或快捷菜单的"复制"命令，或者使用快捷键【Ctrl+C】进行复制。

选中源文件夹 D:\sx，在右窗格选用"组织"或快捷菜单"粘贴"命令，或者使用快捷键【Ctrl+V】进行粘贴。

（3）选中 D:\sx\calc.exe 文件，选择"组织/重命名"命令，输入"jisuanji.ini"，按回车键完成更名。

2.6.3　项目三：文件及文件夹的删除与恢复

实训目的：掌握文件或文件夹的删除和恢复；

要求：D:\ta 文件夹和 D:\tb\st4.txt 文件的删除与恢复。

操作步骤：

（1）打开 D:\tb，选中 st4.txt 文件，按【Delete】键或者选择"组织/删除"命令，显示删除确认信息框，单击【是】按钮，确认删除。

图 2-45　文件夹选项对话框

（2）选中 D 盘，用"组织/文件夹和搜索选项"命令打开"文件夹选项"对话框，在"查看"选项卡中选择"显示隐藏的文件、文件夹和驱动器"，再单击【应用】或者【确定】按钮，如图 2-45 所示，显示出 D 盘下的 ta 文件夹。

（3）从"回收站"里恢复 D:\tb\st4.txt，双击桌面上的"回收站"图标打开回收站窗口，选中 D:\tb\st4.txt，选择工具栏"还原此项目"按钮或快捷菜单"还原"命令，恢复被删除的文件。

（4）永久性删除 D:\ta 文件夹，按【Shift+Del】组合键，在删除确认框单击【是】按钮，彻底删除该文件夹。

2.6.4　项目四：创建快捷方式

实训目的：掌握快捷方式的创建；

要求：在 D:\sx 中建立一个名为 JSB 的快捷方式，该快捷方式指向 c:\windows\ system32\ notepad.exe，并设置快捷键【Ctrl+Shift+J】。

操作步骤：

（1）在资源管理器的左窗格中选择 D:\sx，使其成为当前目录，在右窗格右击窗格空白处，执行快捷菜单中的"新建/快捷方式"命令。

（2）在弹出的"创建快捷方式"对话框中输入"c:\windows\system32\notepad.exe"，如图 2-46 所示，单击【下一步】按钮。

（3）在下一个对话框中输入"JSB"，单击【确定】按钮，完成快捷方式的创建。

（4）选中创建好的"JSB"快捷方式，执行快捷菜单中的"属性"命令，在弹出的"属性"对话框的"快捷方式"选项卡中的"快捷键"文本框内同时按下【Ctrl+Shift+J】组合键，单击【确定】按钮完成快捷键的设置。

图 2-46　文件快捷方式的创建

2.6.5　项目五：剪贴板的使用——数据的传递

实训目的：掌握多任务间数据的传递——剪贴板的使用；

要求：利用"剪贴板"将 Windows 系统中的"计算器"的界面复制到"画图"程序中，以单色位图 picture.bmp 保存在 D:\sx 文件夹下。

操作步骤：

（1）打开附件中的"计算器"应用程序，按快捷键【Alt+PrintScreen】,复制计算器程序的界面。

提示：复制当前应用程序界面使用【Alt+PrintScreen】快捷键，复制整个桌面使用【PrintScreen】。

（2）打开附件中的"画图"软件，使用【Ctrl+V】快捷键，把计算器程序界面复制到画图软件中。如图 2-47 所示。

（3）单击【保存】按钮 ，弹出"保存为"对话框，选择保存的路径为"D:\sx"，保存的类型选择"单色位图"，文件名输入"picture.bmp"，如图 2-48 所示，单击【保存】按钮完成操作。

图 2-47　剪贴板的使用　　　　　　　　　图 2-48　保存路径

2.6.6　项目六：查找帮助信息

实训目的：帮助信息的搜索；

要求：把 Windows 7 有关"打印入门"的帮助信息窗口中的文本内容，复制到"记事本"上，并以文件名 dyj.txt 保存到 D:\sx 文件夹中。

操作步骤：

（1）单击【开始】按钮 ，在展开的菜单项中选择"帮助和支持"，如图 2-49 所示，弹出的"Windows 帮助和支持"对话框，在文本框中输入要查找的帮助信息"打印入门"，单击旁边的搜索帮助按钮 ，查到相关的帮助信息，如图 2-50 所示。

图 2-49　帮助和支持　　　　　　　　图 2-50　"打印入门"信息

（2）使用快捷键【Ctrl+A】选中所用的帮助信息文本，然后使用【Ctrl+C】组合键进行复制，打开"记事本"应用程序，再用【Ctrl+V】组合键把前面复制的内容粘贴到文档里。

（3）单击"文件/保存"把文件以 dyj.txt 保存到 D:\sx 文件夹中。

2.6.7 项目七：压缩文件

实训目的：文件压缩和解压缩的操作；

要求：将素材文件夹下的 pic01.jpg 和 pic02.jpg 压缩到 D:\sx\pic12.rar。

操作步骤：

（1）同时选中素材中的 pic01.jpg、pic02.jpg，在快捷菜单中选中"添加到压缩文件"选项，弹出如图 2-51 所示对话框。在压缩文件名文本框中输入"D:\sx\pic12.rar"。

提示：此操作需要系统中已经安装压缩软件，如 WinRar、HaoZip 等。

（2）如果已经在 D 盘下创建了 sx 文件夹，直接单击【确定】按钮，如果没有则弹出"警告"对话框，单击【是】按钮，完成对文件的压缩。如图 2-52 所示。

图 2-51　压缩对话框

图 2-52　压缩后的文件

2.6.8 课后上机习题

1．在 D 盘下创建一个 test 文件夹，并在该文件夹下建一个 sub 子文件夹。

2．在计算机中搜索任意 2 个文本文件，并把它们复制到 sub 子文件夹中。

3．选中其中一个文本文件，修改文件名为"abc.ini"，设置文件属性为"隐藏"。

4．在桌面上创建一个指向"C:\Windows\system32\mspaint.exe"名为"画图"的快捷方式，快捷键为【Alt+Shift+N】。

5．在"Windows 帮助和支持"中查找"客户支持选项"的帮助信息，把内容复制到"记事本"上，并以文件名"help.txt"保存到 D:\sx 文件夹里。

6．打开"画图"程序，把该程序的窗口快照，通过 Word 软件以"picture.docx"保存到 D:\sx 文件夹里。

7．把素材文件夹里的压缩文件"sample.rar"解压到 D:\sx 文件夹里。

2.7　课后练习与指导

一、选择题

1．Windows 7 操作系统是一个（　　　）操作系统。

A．单用户、多任务　　　　　　　　B．多用户、单任务
C．单用户、单任务　　　　　　　　D．多用户、多任务

2．Windows 7 系统通用桌面图标有五个，但不包括（　　）。
A．计算机　　　　B．控制面板　　　　C．IE 浏览器　　　　D．回收站

3．Flip 3D 效果可以按（　　）组合键将所有打开的窗口以一种立体的 3D 效果显示出来。
A．Win+Shift　　B．Ctrl+Tab　　C．Win+Tab　　D．Shift+Tab

4．在资源管理器窗口中，要选定多个不连续的文件需要（　　）键+单击。
A．Shift　　　　B．Alt　　　　C．Ctrl　　　　D．Tab

5．Windows 操作中，经常用到剪切、复制和粘贴功能，其中剪切功能的快捷键为（　　）。
A．Ctrl+S　　　B．Ctrl+X　　　C．Ctrl+C　　　D．Ctrl+V

6．在 Windows 系统中，"回收站"的内容是（　　）。
A．永久保留，可以恢复　　　　　　B．暂时保留，可以恢复
C．永久删除，不能恢复　　　　　　D．暂时删除，不能恢复

7．桌面图标实质上是（　　）。
A．文件　　　　B．程序　　　　C．文件夹　　　　D．快捷方式

8．在 Windows 资源管理器窗口中，导航窗格可以快捷浏览，窗格中不包括（　　）部分。
A．计算机　　　　B．库　　　　C．收藏夹　　　　D．桌面

9．当一个应用程序的窗口被最小化后，该应用程序将（　　）。
A．被暂时停止运行　　　　　　　　B．仍然在桌面运行
C．被终止运行　　　　　　　　　　D．仍然在内存运行

10．在 Windows 7 的默认设置下，按（　　）组合键进行全角和半角的切换。
A．Ctrl+F4　　　B．Alt+Space　　C．Shift+Space　　D．Fn+ Space

11．桌面图片可以用幻灯片放映方式定时切换，设置的最关键步骤是（　　）。
A．保存主题　　　　　　　　　　　B．选择图片位置
C．设置切换时间间隔　　　　　　　D．图片颜色

12．使用（　　）功能可以快速查看其他打开的窗口，而无需在当前正在使用的窗口外单击。
A．Areo Peek　　B．Areo Snap　　C．Areo Shake　　D．Flip 3D

13．要关闭没有响应的程序，最确切的方法是按（　　）。
A．Alt+F4　　　B．Ctrl+F4　　　C．Ctrl+Alt+Del　　D．主机"重启"按钮

14．下列关于库功能的说法，错误的是（　　）。
A．库中文件夹里的文件保存在原来的地方
B．库中可添加硬盘上的任意文件夹
C．库中文件夹里的文件被彻底移动到库中
D．库中添加的是指向文件夹的快捷方式

15．下列关于任务栏作用的说法中错误的是（　　）。
A．显示当前活动窗口名　　　　　　B．显示正在后台工作的窗口名
C．实际窗口之间的切换　　　　　　D．显示系统所有功能

二、填空题

1．在 Windows 7 中，使用 Aero_____功能，可以快速预览所有打开的窗口。

2．按_____可以将当前活动窗口的界面录入剪贴板。

3．在 Windows 7 桌面上可以按下列三种方式之一自动排列当前打开的窗口，即层叠窗口、堆叠显示窗口、_____窗口。

4．一个文件的扩展名通常表示_____。

5．在 Windows 7 中，用鼠标右键单击所选对象，可以弹出该对象的_____。

第 3 章

文字处理软件 Word 2010

本章导读

▶ 认识 Word 2010 的工作界面
▶ 掌握文档的创建、保存、打开和关闭等基本操作。
▶ 掌握文本的查找和替换方法。
▶ 掌握字体、段落格式、页面设置、分栏、首字下沉等设置方法。
▶ 掌握图片、艺术字和文本框、符号等对象的插入方法。
▶ 掌握剪贴画、SmartArt 图形、图表制表位、水印等对象的插入方法。
▶ 掌握表格的制作和编辑以及文字与表格的转换的操作。
▶ 掌握文档打印预览的操作方法。

3.1 了解 Word 2010 的工作界面

　　Word 2010 采用了全新的工作界面，其显著变化是用功能区取代了传统的菜单操作。Word 2010 的工作界面包括控制菜单按钮、快速访问工具栏、标题栏、文件选项卡、功能区、文档编辑区和状态栏等内容。与 Word 2007 的工作界面相比，Word 2010 的工作界面新增了文件选项卡，如图 3-1 所示。

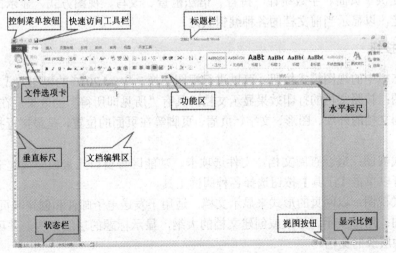

图 3-1　Word 2010 的工作窗口

1．标题栏

标题栏位于窗口最上方。默认情况下，标题栏左侧显示快速访问工具栏，标题栏中间显示当前文件的文件名。

2．控制菜单按钮

单击控制按钮可以打开还原、移动、大小、最小化、最大化和关闭窗口基本操作的菜单。如图 3-2 所示。双击控制菜单按钮可以关闭 Word 2010 窗口。

图 3-2　控制菜单窗口

3．快速访问工具栏

快速访问工具栏用于放置命令按钮，以便快速启动经常使用的命令，例如保存、撤销、恢复等基本的命令按钮。默认情况下，"快速访问工具栏"中只有较少命令，可以根据需要添加。

4．文件选项卡

单击文件选项卡后，可以看到其中包含了保存、另存为、打开、关闭、信息、最近使用文件、新建、打印、保存并发送、帮助、选项和退出等选项。

5．功能区

功能区几乎涵盖了所有的按钮、库和对话框。功能区首先将对象分为多个选项卡，然后在选项卡中将控件细化为不同的选项组。

6．文档编辑区

文档编辑区是工作的主要区域，用来实现文档的编辑和显示。在进行文档编辑时，可以使用水平标尺、垂直标尺、水平滚动条和垂直滚动条等辅助工具。

7．状态栏

状态栏提供了页面、字数统计、拼音、语法检查、改写、视图方式、显示比例和缩放滑块等辅助功能，以显示当前文档的各种编辑状态。

8．视图按钮

单击状态栏中的视图模式按钮，可以进行视图切换。Word 2010 的视图方式有：

页面视图：按照文档的打印效果显示文档，具有"所见即所得"的效果，在页面视图中，可以直接看到文档的外观、图形、文字、页眉、页脚等在页面的位置，是最接近打印结果的页面视图。

阅读版式视图：适合查阅文档，文件选项卡、功能区等窗口元素被隐藏起来。在阅读版式视图中，可以单击【工具】按钮选择各种阅读工具。

Web 版式视图：以网页的形式来显示文档，适用于发送电子邮件和创建网页。

大纲视图：用于显示、修改或创建文档的大纲，显示标题的层级结构，并可以方便地折叠和展开各种层级的文档。

草稿视图：草稿视图类似之前的 Word 2007 中的普通视图，只显示字体、字号、字形、段落及行间距等最基本的格式，但是将页面的布局简化，适合于快速键入或编辑文字并编排文字的格式。

9. 显示比例

可以设置页面显示比例，从而用以调整 Word 2010 文档窗口的大小。显示比例仅仅调整文档窗口的显示大小，并不会影响实际的打印效果。

3.2 功能介绍

3.2.1 文档的基本操作

1. 创建文档

默认情况下，每次启动 Word 2010，程序都会自动创建一个空白 Word 文档，可以对文档进行各种编辑操作。

打开 Word 2010，单击"文件"选项卡的"新建"项，在打开的"可用模板"设置区域中选择"空白文档"，单击【创建】按钮，即可创建空白的 Word 文档，如图 3-3 所示。

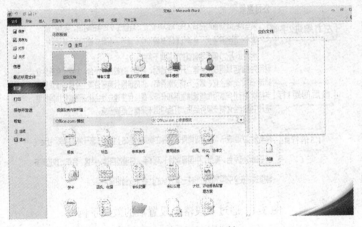

图 3-3　创建空白文档

2. 保存文档

在打开的文档中，单击"快速访问工具栏"上的【保存】按钮 ，或单击"文件"选项卡的"保存"项，都可以对文档进行保存。

如果当前文档是新建文档，单击"保存"或者"另存为"都将弹出"另存为"对话框。在"另存为"对话框中可以对当前的文档重命名、更换保存位置或更改文档类型。而保存是用更改后的文件替换原文件。

3. 打开和关闭文档

通过"文件"选项卡的"打开"项，可打开文档。在 Word 2010 中默认会显示 20 个最近打开或编辑过的 Word 文档，可以通过"文件"选项卡"最近使用文件"项，打开最近使用的文档。

可以选择"文件"选项卡的"退出"项。或者单击标题栏右侧的"关闭"按钮" X "都可关闭文档。

3.2.2　格式设置

1.　字符格式

单击"开始"选项卡"字体"组右侧的按钮，在弹出的"字体"对话框中进行设置。可以从字体、文字效果和字符间距进行字符格式设置。

2.　段落格式化

单击"开始"选项卡"段落"组右侧的按钮，在弹出的"段落"对话框中进行设置。

可以从对齐方式、缩进、间距和行距进行段落格式化。通过"段落"对话框设置后的文本效果，如图 3-4 所示。

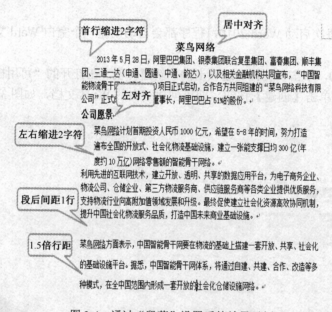

图 3-4　通过"段落"设置后的效果示例

3.　段落边框和底纹

通过在文档中设置段落边框和底纹，可以使相关段落的内容更加醒目，从而增强文档的可读性。

在"开始"选项卡的"段落"组中单击"下框线"下拉按钮，在下拉菜单中选择"边框和底纹"。在弹出的"边框和底纹"对话框中，分别设置边框样式、边框颜色以及边框的宽度，如图 3-5 所示。

在打开的"边框和底纹"对话框中切换到"底纹"选项卡，在"图案"区域分别选择图案样式和图案颜色，如图 3-6 所示。

4.　样式

样式是特定格式的集合，它设定了文本和段落的格式，利用样式可以提高文档编辑的效率和质量，提高整篇文档的一致性。

选中文本或段落，将鼠标停留在某种样式上，将预览显示选择样式后的格式，单击样式名即可使用该样式，如图 3-7 所示。

可以根据需要新建样式，也可以对样式进行修改或删除。

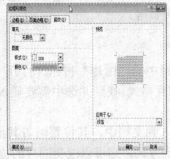

图 3-5 "边框"选项卡　　图 3-6 "底纹"选项卡　　图 3-7 "样式"组中内置样式

5. 格式刷

格式刷是 Word 2010 中非常高效的一个功能。通过格式刷，可以快速地将当前文本或段落的格式复制到另一段文本或段落上，大量地减少排版方面的重复操作。

单击"格式刷"按钮 ，可使用一次格式复制。当需要多次使用同一个格式时，可通过双击"格式刷"按钮，然后单击或者拖曳需要应用新格式的文本或段落。当使用完后，再次单击"格式刷"按钮或按【Esc】键，即可取消格式复制状态。

6. 页面设置

通过"页面布局"选项卡上的"页面设置"组中的工具完成，包括：纸张大小、页眉、页脚、页边距等的设置。设置后的效果如图 3-8 所示。

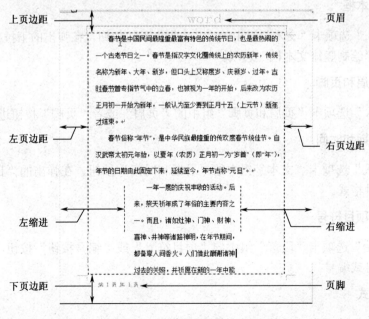

图 3-8 页面格式设置的示例

3.2.3 插入对象

1. 插入表格

单击"插入"选项卡"表格"组中的"表格"下拉按钮，选择"插入表格"，在打开的"插入表格"对话框中进行设置行数、列数等。

2. 插入图片

单击"插入"选项卡"插图"组中的"图片"按钮，打开"插入图片"对话框，在"文件类型"编辑框中将列出最常见的图片格式。找到并选中需要插入到 Word 2010 文档中的图片，然后单击"插入"按钮。

默认情况下，图片作为字符插入到文档中，其位置随着其他字符的改变而改变，不能自由移动图片。通过设置图片文字环绕方式，则可以改变图片的位置。

3. 插入剪贴画

单击"插入"选项卡"插图"组中的"剪贴画"按钮，在文档的右侧弹出"剪贴画"窗格，在"搜索文字"文本框中输入要搜索的图片关键字（如：科技），单击"搜索"按钮。如果选中"包括 Office.com 内容"复选框，可以搜索网站提供的剪贴画。搜索完毕后显示出符合条件的剪贴画，单击图片即可完成插入。

4. 插入艺术字

单击"插入"选项卡"文本"组中的"艺术字"按钮，在艺术字库中选择一种艺术字类型，在弹出的"编辑艺术字文字"对话框中输入文字。

在 Word 2010 中可以创建出漂亮的艺术字，并可作为一个对象插入到文档中。可以对艺术字进行艺术字样式、填充颜色、轮廓颜色、阴影效果等编辑。

5. 插入文本框

单击"插入"选项卡"文本"组中的"文本框"下拉按钮，在弹出的下拉列表中选择"绘制文本框"或"绘制竖排文本框"选项。

6. 插入页眉和页脚

单击"插入"选项卡"页眉和页脚"组中的"页眉"或者"页脚"按钮进行设置。

7. 插入日期和时间

单击"插入"选项卡"文本"组中的"日期和时间"按钮，在弹出的"日期和时间"对话框中选择一种格式。

8. 编号和项目符号

单击"开始"选项卡"段落"组中的"项目符号"或"编号按钮"按钮，可为选中的段落添加项目符号或编号。

9. 插入公式

单击"插入"选项卡"符号"组中的"公式"下拉按钮，选择内置公式或者选择"插入新公式"输入自定义公式。

10. 插入音频和视频

单击"插入"选项卡"文本"组中的【插入对象】按钮，在弹出的"对象"对话框中选择"由文件创建"选项卡，在该选项卡中单击【浏览】按钮，选择相应的音频或视频文件。

3.3 项目一：制作关于春节风俗的简报

项目一要求：用所给的文字和图片素材，制作一份关于春节风俗的简报。

打开素材 word2.docx，按照以下要求操作，以原名保存在 D 盘，参考样张，如图 3-16 所示。

3.3.1 查找和替换文本

学习目标：掌握文本的查找和替换操作。

要求：将"春节"两字（除了第一、二段落），设置成"华文行楷、加粗、四号、红色、双波浪线"。

具体操作步骤如下：

（1）单击"开始"选项卡 "编辑"组中的"替换"，在弹出的"查找和替换"对话框中，单击【更多】按钮。在查找内容的文本框中输入"春节"，在替换为的文本框中输入"春节"，将光标定位在"替换为"文本框的"春节"中。

（2）单击"替换"选项卡左下角的【格式】按钮，选择"字体"，在弹出的"替换字体"对话框中进行如图 3-9 所示设置，单击【确定】按钮。

（3）返回"查找和替换"对话框，单击【全部替换】按钮，如图 3-10 所示。

图 3-9 "替换字体"对话框

图 3-10 "查找和替换"对话框

提示：如果希望逐个替换，则单击【替换】按钮，如果希望全部替换查找到的内容，则单击【全部替换】按钮。如果"查找内容"或者"替换为"的格式设置有错误，可单击"不限定格式"重新设置。

3.3.2 插入艺术字

学习目标：掌握艺术字的插入，进行艺术字形状、文本填充颜色、轮廓颜色、文字效果等编辑。掌握艺术字的混排方式。

要求：用艺术字制作标题，采用"填充-红色，强调文字颜色 2，暖色粗糙棱台"效果，字体为华文隶书、初号，上下型环绕。

具体操作步骤如下：

（1）单击"插入"选项卡"文本"组中的"艺术字"，选择第五行第三列。

（2）将"请在此放置您的文字"改为"春节风俗"。

（3）选中"春节风俗"，在"开始"选项卡"字体"组中，选择字体为"华文隶书"，大小为"初号"。

（4）单击"春节风俗"文字的边框，然后右键单击，在弹出的"快捷菜单"中选择"自动换行"中的"上下型环绕"。如图 3-11 所示。

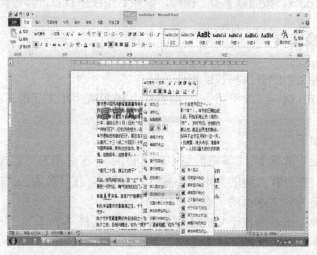

图 3-11 "自动换行"中各种环绕方式

3.3.3 设置字体和使用格式刷

学习目标：掌握文本的字体设置，格式刷的使用方法。

要求：将文中的"扫尘"、"守岁"、"拜年"、"贴春联"、"窗花与"福"、"年画"、"爆竹"、"观看春晚"设置为华文琥珀、20 号、加粗，文本效果为第 4 行第 2 列的效果、居中对齐。

具体操作步骤如下：

（1）选中文字"扫尘"，在"开始"选项卡"字体"组中，选择字体为"华文琥珀"，大小为"20"，单击"加粗"、"文本效果"按钮，选择相应效果。

（2）单击"开始"选项卡"段落"组中的"居中"。

（3）双击"开始"选项卡"剪贴板"组中的"格式刷"，当光标变成刷子时，选中"守岁"，完成字体设置，使用同样的方法完成其他文字的设置。

（4）在完成字体设置后，单击"开始"选项卡"剪贴板"组中的"格式刷"。

3.3.4 设置段落格式

学习目标：掌握段落格式的设置方法。

要求：设置正文中所有段落首行缩进 2 字符，段前间距为 3 磅，行距为 1.2。

具体操作步骤如下：

选中所有段落，单击"开始"选项卡组中的"段落"，在弹出的"段落"对话框中，选择"缩进和间距"选项卡，如图 3-12 所示。

3.3.5　插入符号

学习目标：掌握符号插入的方法，对符号设置格式。

要求：第一段段首插入铃铛符号（Wingdings 字体集）、大小为二号，红色。

具体操作步骤如下：

（1）将光标定位在第一段最前面。

（2）单击"插入"选项卡"符号"组中的"符号"，选择"其他符号"，在弹出的"符号"对话框中，进行设置，如图 3-13 所示。

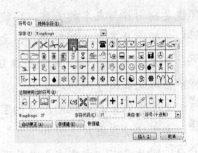

图 3-12　"段落"对话框　　　　　　图 3-13　"符号"对话框

（3）选择🔔，单击【插入】按钮。

（4）选中🔔，将其设置成大小为二号、字体颜色为红色。

3.3.6　分栏和首字下沉

学习目标：掌握对段落进行分栏，并掌握首字下沉操作。

要求：将第二段分成带分隔线的等宽三栏，并将首字设置为下沉 3 行。

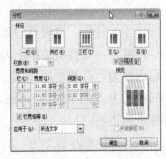

具体操作步骤如下：

（1）将第二段文字选中，单击"页面布局"选项卡"页面设置"组中的"分栏"，选择"更多分栏"，在弹出的"分栏"对话框中，如图 3-14 所示，单击【确定】按钮。

图 3-14　"分栏"对话框

（2）将光标定位在第二段，单击"插入"选项卡"文本"组中的"首字下沉"按钮，在下拉菜单中选择"首字下沉选项"，在弹出的【首字下沉】对话框中，位置选择"下沉"，下沉行数设置为"3"。

提示：对于同时进行首字下沉和分栏的操作，若先进行首字下沉，然后再进行分栏，则不要将下沉的首字选中，否则分栏命令不可操作；一般先进行分栏后再首字下沉较为方便。

3.3.7　插入图片

学习目标：掌握图片的插入和删除图片背景，并对图片的大小、位置等进行设置。

要求：插入图片"福字.jpg"，删除图片背景，将图片大小设置为20%，与文字紧密混合。

具体操作步骤如下：

（1）把光标定位到窗花与"福"这一段；

（2）选择"插入"选项卡，单击"插图"组中的【图片】按钮；

（3）在弹出的"插入图片"对话框中，找到"福字.jpg"图片，单击【插入】按钮。

（4）在"图片工具"功能区，选择"格式"选项卡"调整"组中的"删除背景"，在图片上拖曳控制点到适当位置，在图片外任意处单击一下，完成删除背景。

（5）右键单击图片，在弹出的快捷菜单中选择"大小和位置"，在弹出的"布局"对话框中，选择"大小"选项卡，设置高度和宽度为20%。

（6）在"布局"对话框中，选择"文字环绕"选项卡，选择"紧密型"，单击【确定】按钮。

提示：也可以在"排列"分组中单击【自动换行】按钮，在打开的菜单中选择合适的文字环绕方式。环绕是指图片与文本的关系，环绕方式的含义如下所述。

四周型环绕： 不管图片是否为矩形图片，文字以矩形方式环绕在图片四周。

紧密型环绕： 如果图片是矩形，则文字以矩形方式环绕在图片周围，如果图片是不规则图形，则文字将紧密环绕在图片四周。

穿越型环绕： 文字可以穿越不规则图片的空白区域环绕图片。

上下型环绕： 文字环绕在图片上方和下方。

衬于文字下方： 图片在下、文字在上分为两层，文字将覆盖图片。

浮于文字上方： 图片在上、文字在下分为两层，图片将覆盖文字。

编辑环绕顶点： 用户可以编辑文字环绕区域的顶点，实现更个性化的环绕效果。

3.3.8　页面设置

学习目标：掌握页边距、页眉页脚、页码和页面边框的设置方法。

要求：设置页边距上为2厘米、下为3厘米、左右分别为3厘米；设置空白型页眉，页眉内容为"春节专题"，字体为华文行楷、四号并左对齐。插入空白型页脚，页脚的日期和时间设置为"5/15/2013"。插入页码，页码格式设置为"页边距/带有多种形状/圆（右侧）"。设置页面边框。

具体操作步骤如下：

（1）单击"页面布局"选项卡"页面设置"组中的"页边距"，选择"自定义边距"，在弹出的"页面设置"对话框中，按要求进行设置，单击【确定】按钮。

（2）选择"插入"选项卡，单击"页眉和页脚"组中的"页眉"，选择"空白型"页眉，输入文字"春节专题"。

（3）在"开始"选项卡"字体"组中分别设置字体和大小，在"段落"组中选择"左对齐"。

（4）选择"插入"选项卡，单击"页眉和页脚"组中的"页脚"，选择"空白"。选中页脚中的"键入文字"，单击"页眉和页脚工具"功能区，在"设计"选项卡"插入"组中的"日期和时间"，选择"5/15/2013"。

（5）选择"插入"选项卡，单击"页眉和页脚"组中的"页码"，选择"页边距"中的"圆（右侧）"页码。

（6）选择"页面布局"选项卡，单击"页面背景"组中的"页面边框"，按如图 3-15 所示方式设置。

图 3-15   "页面边框"对话框

3.3.9   用不同显示方式查看文档

学习目标：学会使用不同的视图方式。

要求：分别以"页面视图"、"阅读版式视图"、"Web 版式视图"、"大纲视图"、"草稿视图"这五种查看方式查看文档，了解各自显示的特点。

具体操作步骤如下：单击"视图"选项卡"文档视图"中的"页面视图"查看视图，分别用其他视图看看文档。

最终结果参考样张，如图 3-16 所示。

图 3-16   项目一样张

3.4   项目二：制作投资理财电子小报

项目二要求：用所给的文字和图片素材，制作投资理财电子小报。

打开素材 lc.docx，按照以下要求操作，以原名保存在 D 盘，参考样张如图 3-24 所示。

3.4.1   插入、编辑表格

学习目标：掌握表格的创建和编辑表格。

要求：创建一个 8 行 3 列表格。将第一行单元格合并成一行，输入标题"子女教育—生命不可承受之重"，字体设置为"宋体、小三"。插入新的一行，按样张输入文字和数字等内容。如图 3-17 所示。将第一行的对齐方式设置为"水平居中"，将"费用"列和"时间（年）"列设置为靠上居中对齐，并根据内容自动调整表格。完成斜线的绘制。除标题设置为"宋体、小三"。其他文字设置均为"宋体、小四"。设置表格居中对齐。

具体操作步骤如下：

（1）单击"插入"选项卡"表格"组中的"表格"，在"表格"下拉列表中，选择 8 行 3 列。

子女教育—生命不可承受之重		
	费用	时间（年）
幼儿园（2~5岁）	57600	4
小学（6~10岁）	2100	5
初中（11~14岁）	2200	4
高中（15~17岁）	9500	3
大学（18~25岁）	15000	7
其他	130000	
合计		

图 3-17 表格中的文字和数字

（2）将第一行所有单元格选中，在"表格工具"功能区选择"设计"选项卡"布局"组中的"合并单元格"，将光标定位在第一行，输入标题"子女教育—生命不可承受之重"。将标题选中，在"开始"选项卡"字体"组中设置字体和字号。

（3）将光标定位在第二行，在"表格工具"功能区选择"布局"选项卡"行和列"组中的"在下方插入"，即可新增一行。

（4）将第一行选中，在"表格工具"功能区选择"布局"选项卡"对齐方式"组中的"水平居中"。

（5）将"费用"列和"时间（年）"列的内容选中，在"表格工具"功能区，选择"布局"选项卡"对齐方式"组中的"靠上居中对齐"。

（6）在"表格工具"功能区，选择"布局"选项卡"单元格大小"组中的"根据内容自动调整表格"。

（7）在"表格工具"功能区选择"设计"选项卡"绘制边框"组中的"绘制表格"，当光标变成✐时从第二行第一列的左上角拖曳到右下角，完成斜线绘制。输入"内容"、"成长"文字内容。

（8）选中文字进行相应字体设置。将表格选中，在"开始"选项卡"段落"组中选中"居中"。

3.4.2 格式化表格

学习目标：掌握表格的边框和底纹的设置，将表格美化。

要求：将表格外边框设置为"蓝色、3 磅"，底纹设置为"水绿色，强调文字颜色 5，淡色 60%"。

具体操作步骤如下：

（1）将表格选中，单击鼠标右键，在弹出的快捷菜单中，选中"边框和底纹"。

（2）在"边框和底纹"对话框中选择"边框"选项卡，按如图 3-18 所示方式进行设置。

（3）选择"底纹"选项卡，将填充颜色按要求设置。

图 3-18 "边框和底纹"对话框

3.4.3 插入自定义项目符号和编号

学习目标：掌握项目符号、自定义项目符号和编号的插入，并进行格式设置。

要求：为文本添加自定义项目符号，字体为"蓝色，18 号，加粗"。为文本添加自定义编号列表。

具体操作步骤如下：

（1）选中文本"基本概念"后，选择"开始"选项卡的"段落"选项组，单击【项目符号】按钮的下拉按钮，在下拉菜单中选择"定义新项目符号"。

（2）弹出"定义新项目符号"对话框，单击【符号】按钮，弹出"符号"对话框，在"符号"列表框中选中相应的项目符号类型（Wingdings 2）。

（3）单击【字体】按钮，弹出"字体"对话框，进行相应设置。

（4）选中文中最后三段以"理财"开头的段落，选择"开始"选项卡的"段落"选项组，单击"编号"的下拉按钮。

（5）在弹出的"编号"下拉列表中选中"定义新编号格式"。

（6）在弹出的"定义新编号格式"对话框中，进行相应设置。

3.4.4 插入文本框

学习目标：掌握文本框和竖排文本框的插入，并对文本框进行设置。

要求：将第一段文字放置在竖排文本框中。使用文本框设置标题，字体为华文琥珀、橙色、小初，字体间距为加宽 5 磅。文本框无边框线，并且上下型环绕，居中显示。

具体操作步骤如下：

（1）将第一段文字选中，单击"插入"选项卡"文本"组中的"文本框"下拉按钮，在弹出的下拉列表中选择"绘制竖排文本框"选项。

（2）文本框上有 8 个控制点，可以使用鼠标拖曳调整文本框的大小。当光标变成"✛"形状时，移动文本框到适当位置，可参考样张调整文本框的大小和位置。

（3）在"绘图工具"功能区"格式"选项卡的"形状样式"组中，单击"形状样式"下拉按钮，选择"彩色轮廓-蓝色，强调颜色 1"效果。单击"形状效果"下拉按钮，选择"预设 5"效果。

（4）将标题"投资理财知识"选中，单击"插入"选项卡"文本"选项组中的"文本框"下拉按钮，在弹出的下拉列表中选择"绘制文本框"选项。

（5）在"开始"选项卡 "字体"组中，设置"华文琥珀、橙色、小初"。

图 3-19 "字体"对话框

（6）将文字选中并右击，在弹出的快捷菜单中，选择"字体"，在弹出的"字体"对话框中，选择"高级"选项卡，将"间距"设置为"加宽"，磅值为"5"。如图 3-19 所示。

（7）在"绘图工具"功能区"格式"选项卡的"形状样式"组中，单击"形状轮廓"下拉按钮，选择"无轮廓"。

（8）在"绘图工具"功能区"格式"选项卡的"大小"组中，单击"自动换行"下拉按钮，选择"上下型环绕"。

3.4.5 裁剪图片

学习目标：掌握裁剪图片操作，并对图片设置发光效果。

要求：插入图片 touzi.jpg，按照样张裁剪掉文字部分。设置图片大小高 8cm，宽 6cm，"四周型环绕"图文混排，并添加"圆形对角，白色"图片样式及"橙色，11pt 发光，强调文字颜色 6"的图片发光效果。

具体操作步骤如下：

（1）单击"插入"选项卡"插图"组中的"图片"按钮，在"插入图片"对话框中，选择"touzi.jpg"，单击【插入】按钮。

（2）在"图片工具"功能区"格式"选项卡的"大小"组中，单击【裁剪】按钮。

（3）图片上出现裁剪控制点，拖曳右下角控制点到合适位置。在图片外任意处单击一下，裁剪掉文字部分，如图 3-20 所示。

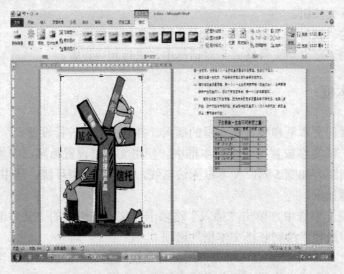

图 3-20 裁剪掉文字部分

（4）右键单击图片，在快捷菜单中选择"大小和位置"，在弹出的"布局"对话框中，选择"大小"选项卡，设置高度和宽度为 50%。

（5）在"布局"对话框中，选择"文字环绕"选项卡，选择"四周型"，单击【确定】按钮。

（6）在"图片工具"功能区"格式"选项卡的"图片样式"组中，选择"圆形对角，白色"图片样式。

（7）在"图片工具"功能区"格式"选项卡的"图片样式"组中，选择"图片效果"下拉按钮，在弹出的下拉列表中，选择"橙色，11pt 发光，强调文字颜色6"的图片发光效果。

3.4.6 插入形状

学习目标：掌握形状的插入，并对形状样式进行设置。

要求：绘制形状，并输入文字"子女成才"，字体为幼圆，大小为小三，颜色为深红色。并设置"彩色轮廓-水绿色，强调颜色5"形状样式。

具体操作步骤如下：

（1）选择"插入"选项卡，单击"插图"组中的"形状"按钮，在"标注"中选择"云形标注"，如图 3-21 所示。

图 3-21　插入形状

（2）当光标变成"＋"时，拖曳鼠标进行绘制。添加文字"子女成才"，按要求设置字体。

（3）在"绘图工具"功能区选择"格式"选项卡"形状样式"组中"形状样式库"中的第一行第六列。

3.4.7 插入时间日期和公式

学习目标：掌握时间和日期的插入，以及公式的插入方法。

要求：在文档末插入时间和日期，在新的一行输入公式，如图 3-22 所示。

$$F_y = \log_a y \int_{-\infty}^{\infty} \frac{y * e^{-i\omega t}}{\sqrt{1 + y^2 \cos^{-1}\theta}}$$

图 3-22　公式

具体操作步骤如下：

（1）将光标定位在文档末，在"插入"选项卡"文本"组中，选择"日期和时间"。

（2）在"插入"选项卡"符号"组中选择"公式"下拉按钮。

（3）在"公式"下拉菜单中选择"插入新公式"。

（4）在"公式工具"功能区"设计"组中的"符号"和"结构"输入公式。

3.4.8 插入音频和视频

学习目标：掌握音频和视频的插入方法。

要求：在文档末插入音频文件，在新的一行插入视频文件。

图 3-23 "由文件创建"选项卡

具体操作步骤如下：

（1）单击"插入"选项卡"文本"组中的"插入对象"按钮；

（2）在弹出的"对象"对话框中选择"由文件创建"选项卡，在该选项卡中单击【浏览】按钮，通过文件夹切换选中需要播放的音乐文件。如图 3-23 所示。

（3）单击【插入】按钮返回到"对象"对话框，在"对象"对话框中单击【确定】按钮。双击文档中音乐文件名的图标，即可播放音乐旋律。

（4）使用同样的方法完成视频插入。

图 3-24 项目二样张

3.5 项目三：制作介绍智慧城市小报

项目要求：用所给的文字和图片素材，制作一份介绍智慧城市的小报。

打开素材 zhcs.docx，按照以下要求操作，以原名保存在 D 盘，参考样张如图 3-37 所示。

3.5.1 字符缩放

学习目标：掌握字符缩放的设置方法。

要求：对第一段取消字符缩放。

具体操作步骤如下：

将第一段"智慧城市是……"选中，选择"开始"选项卡"段落"组中的"中文版式"按钮，选择"字符缩放"下的100%。

3.5.2 文本替换

学习目标：掌握替换文本的方法。

要求：将文档第二段中的所有"智慧"及其后任意一个字符格式设置为"华文楷体、蓝色、小四号、突出显示"。

具体操作步骤如下：

（1）将第二段选中，单击"开始"选项卡 "编辑"组中的"替换"，在弹出的"查找和替换"对话框中，单击【更多】按钮。在查找内容文本框中输入"智慧^?"，将光标定位在"替换为"文本框中。

（2）单击"查找和替换"对话框左下角的"格式"按钮，选择"字体"，在弹出的"替换字体"对话框中进行设置，如图3-25所示。单击【确定】按钮。

图3-25 "查找和替换"对话框

（3）单击【全部替换】按钮。

提示：如果"查找内容"或者"替换为"的格式设置错误，可单击"不限定格式"重新设置。

3.5.3 新建样式

学习目标：掌握新建样式的方法。

要求：为标题"智慧城市"创建新样式，命名为"新建标题样式"，设置样式类型为"字符"，字体为"华文行楷、二号、浅绿色"。为标题设置底纹，并将此样式存为"新样式"。

具体操作步骤如下：

（1）"开始"功能区的"样式"分组中单击显示样式窗口按钮，如图3-26所示；

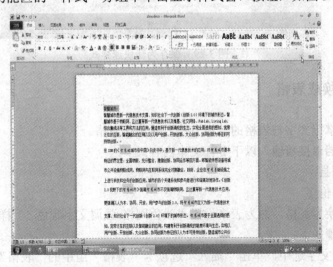

图3-26 显示样式窗口

（2）在打开的"样式"窗格中单击左下角"新建样式"按钮，如图 3-27 所示；

（3）打开"根据格式设置创建新样式"对话框，在"名称"编辑框中输入"新建标题样式"的名称。样式类型为"字符"。字体为"华文行楷、二号、浅绿色"，如图 3-28 所示。

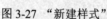

图 3-27 "新建样式"　　　　　图 3-28 "根据格式设置创建新样式"对话框

（4）选中标题，在"开始"选项卡"字体"组中，单击"增大字体"。

（5）选中标题并右击，在弹出的快捷菜单中选择"将所选内容保存为新快速样式"，如图 3-29 所示。并将此样式存为"新样式"。

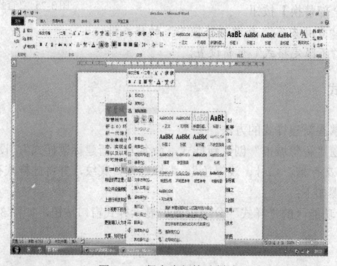

图 3-29 保存为新快速样式

3.5.4 文字转换成表格

学习目标：掌握文字与表格的转换方法，并美化表格。

要求：在文档末接着输入以下 2 行文本内容：

6 台湾 桃园县

7 加拿大 多伦多

并将文本转换为表格，并为表格设置"浅色网格-强调文字颜色 5"样式。

具体操作步骤如下：

（1）将 8 行文字选中，单击"插入"选项卡"表格"组中的"表格"下拉按钮，在弹出的下拉列表中选择"文本转换成表格"，在弹出的"将文本转换成表格"对话框，按如图 3-30

所示方式进行设置，单击【确定】按钮。

（2）将第一行选中并右击，在"快捷菜单"中选择"合并单元格"。

（3）在"表格工具"功能区"设计"选项卡"表格样式"组中，选择"浅色网格-强调文字颜色 5"样式。

3.5.5 设置边框和底纹

学习目标：掌握边框底纹的设置方法。

要求：给第一段落添加"橙色，强调文字颜色 6，深色 25%"的 3 磅上粗下细型边框及 12.5%"橙色，强调文字颜色 6，淡色 80%"底纹。

具体操作步骤如下：

选中第一段落，单击"开始"选项卡"段落"组中的"下框线"下拉按钮，在弹出的下拉列表中选择"边框和底纹"，在弹出的"边框和底纹"对话框中，按如图 3-31 所示方式进行设置，单击【确定】按钮。

图 3-30 "将文本转换成表格"对话框

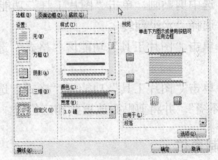

图 3-31 "边框"选项卡

3.5.6 插入 SmartArt 图形

学习目标：掌握 SmartArt 图形的插入方法，并更改 SmartArt 图形的设置。

要求：创建 SmartArt 图形，大小调整为高度和宽度都为 7 厘米，与文本混排。

具体操作步骤如下：

（1）单击"插入"选项卡"插图"组中的 SmartArt 按钮，在弹出的"选择 SmartArt 图形"对话框中，按如图 3-32 所示方式进行设置，单击【确定】按钮。

（2）按样张输入文字，如图 3-33 所示。

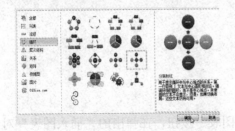

图 3-32 "SmartArt 图形"对话框

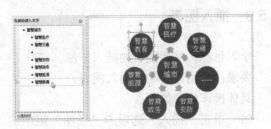

图 3-33 文字样张

（3）在"SmartArt 工具"功能区，选择"设计"选项卡"SmartArt 样式"组中的"更改颜色"按钮，选择"彩色范围-强调文字颜色 4 至 5"。

（4）在"SmartArt 工具"功能区，选择"格式"选项卡中的"大小"，更改高度和宽度都是 6 厘米，单击"排列"组中的"自动换行"按钮，选择"四周型环绕"。

3.5.7　插入剪贴画

学习目标：掌握剪贴画的插入，并为剪贴画添加水印效果。

要求：插入剪贴画，并将剪贴画翻转，设置重新着色"冲蚀"效果，并与文字图文混排。

具体操作步骤如下：

（1）单击"插入"选项卡"插图"组中的"剪贴画"按钮；

（2）弹出"剪贴画"窗格，在"搜索文字"文本框中输入"科技"关键字，单击【搜索】按钮。

（3）搜索完毕后显示出符合条件的剪贴画，单击图片即可完成插入。

（4）选中剪贴画，单击"图片工具"功能区 "格式"选项卡"排列"组中的"旋转"下拉按钮，选择"水平翻转"。

（5）单击"图片工具"功能区"格式"选项卡"调整"组中的"颜色"下拉按钮，选择"冲蚀"。

（6）单击"图片工具"功能区"格式"选项卡"排列"组中的"自动换行"按钮，选择"四周型环绕"。并将剪贴画放置到相应位置。

3.5.8　制表位

学习目标：掌握制表位的插入，并能输入相应文本内容。

图 3-34　制表位

要求：利用制表位在文档末插入文本。

具体操作步骤如下：

（1）将光标定位在文档末，单击"开始"选项卡"段落"，弹出"段落"对话框，选择"缩进和间距"选项卡的制表位按钮。

（2）在"制表位"对话框中，在 2 字符处的左对齐制表位，在 20 字符处的竖线对齐制表位，以及 25 字符左对齐制表位，如图 3-34 所示的参数设置。

（3）按【Tab】键定位后，输入相应文字。

3.5.9　插入图表

学习目标：掌握图表的插入方法。

要求：利用在文档末插入图表。

具体操作步骤如下：

（1）单击"插入"选项卡"插图"组中的"图表"按钮，在弹出的"插入图表"对话框中，左侧的图表类型列表中选择需要创建的图表类型，在右侧图表子类型列表中选择合适的图表，如图 3-35 所示，并单击【确定】按钮。

（2）在并排打开的 Word 窗口和 Excel 窗口中，用户首先需要在 Excel 窗口中编辑图表数据。修改系列名称和类别名称，并编辑具体数值。如图 3-36 所示输入数据。在编辑 Excel 表格数据的同时，Word 窗口中将同步显示图表结果。

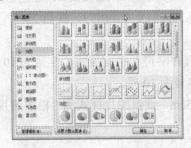
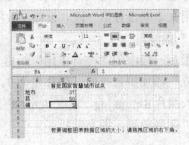

图 3-35　"插入图表"对话框　　　　　图 3-36　　输入数据样张

（3）完成 Excel 表格数据的编辑后关闭 Excel 窗口，在 Word 窗口中可以看到创建完成的图表。

3.5.10　插入水印

学习目标：掌握水印的插入，并能自定义水印。

要求：为文档添加水印"以人为本"。

具体操作步骤如下：

（1）单击"页面布局"选项卡"页面背景"组中的"水印"下拉按钮，在弹出的下拉列表中，选择自定义水印。

（2）在"水印"对话框中，选择"文字水印"，在"文字"文本框中输入"以人为本"。

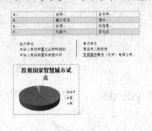

图 3-37　项目三样张

3.6　课后上机习题

1. 打开素材 dsn.docx，按照以下要求操作，以原名保存在 D 盘，参考样张如图 3-38 所示。

（1）设置纸张方向为"纵向"，页边距上为 2.0 厘米、下为 4.0 厘米、左右分别为 2.5 厘米；添加空白页眉，内容为"Disney"，设置其格式为五号、黑体、左对齐；按样张在页脚中间插入图片 DISNEY01.jpg，图片的高度和宽度都缩小到原图片的 50%。

（2）除标题外的迪士尼全部替换为 Disney，西文字体为 Rockwell、红色、倾斜、着重号。

（3）使用文本框设置第一段。设置"橄榄色，强调文字颜色 3，深色 25%"形状轮廓，1.5 磅"划线-点"虚线。

（4）为最后一段中的"神奇王国"设置"合并字符"中文版式，字号为 10 磅。为第四段中"巍峨耸立"添加拼音指南，偏移量为 3，字号为 10 磅。

（5）插入图片 dsngnt.jpg，宽度 7cm，高度 5cm，设置图片样式为"松散透视、白色"，"右上对角透视"阴影效果，图文混排。

图 3-38　迪士尼乐园介绍样张

2. 打开素材 ydh.docx，按照以下要求操作，以原名保存在 D 盘，参考样张如图 3-39 所示。

（1）插入图片"运动 1.jpg"，将图片设置"浮于文字上方"混合模式，放置在右侧。如样张所示位置，将原始背景删除。

（2）插入剪贴画，删除图中的灰色阴影，将剪贴画水平翻转，放置在文档右上角。

提示： 在"剪贴画"窗格的"搜索文字"栏输入"运动"。

（3）插入艺术字，样式为第 6 行第 3 列，输入文字"秋季运动会即将隆重举行"，字体为"华文行楷、初号"，"离轴 2 左"的艺术字三维旋转文字效果。

（4）将左下角的文本框设置为文本框无边框线，无填充色。按样张添加蓝色，加粗的自定义项目符号。（Wingdings 字体集）。将报名时间这行文字设置"鲜绿色"突出显示。

（5）将表格外边框设置为"三线、蓝色、3 磅"，底纹设置为"水绿色，强调文字颜色 5，淡色 60%"。

图 3-39　运动会海报样张

3. 打开素材 hsly.docx，按下列要求操作，以原名保存在 D 盘，参考样张如图 3-40 所示。

（1）设置标题文字"填充-橄榄色，强调文字颜色 3，轮廓-文本 2"的文本效果，华文行楷，字号 36，并添加外部向左偏移的阴影效果。将"黄山旅游"四个字的间距加宽 5 磅，将"山"和"游"的位置均降低 6 磅。

（2）正文中所有段落首行缩进 2 字符，行距为 1.2 倍，段后间距为 3 磅。

（3）按样张插入图片 pic1.jpg，使用裁剪工具将图片下面文字剪去。将图片旋转 20°，图片的高度为 4 厘米，宽度为 7 厘米，修改图片颜色的饱和度为 200%，使用"预设 1"的图片效果，设置紧密型环绕，调整图片的位置。

（4）按样张将第四段分为带分割线的等宽三栏，并设置首字下沉 2 行。

（5）插入"六边形群集"SmartArt 图形并输入文字。将大小设置为原图的 60%，并图文混排。

（6）将素材中的"黄山三大主峰.txt"中的内容复制到文档最后，将文本转换为表格（文字分隔位置为空格），按海拔由高到低排序。套用"中等深浅底纹 1，强调文字颜色 5"表格样式。

黄山位于中国东部安徽省南部，南北长约 40 公里，东西宽约 30 公里，山脉面积 1200 平方公里，核心景区面积约 160.6 平方公里，号称"五百里黄山"，主体以花岗岩构成，最高处莲花峰，海拔 1864 米。

光明顶是黄山的主峰之一，位于黄山中部，海拔 1860 米，为黄山第二高峰，与天都峰、莲花峰并称黄山三大主峰。顶上平坦而高旷，因为这里高旷开阔，日光照射久长，故名光明顶。

黄山是我国十大风景名胜之一。1990 年获得世界文化和自然遗产称号，2004 年以第一名成为首批世界地质公园，从而成为世界上第一个获得世界文化和自然遗产以及世界地质公园三项桂冠的旅游胜地。黄山处于亚热带季风气候区内，山高谷深，气候垂直变化，气候特点是云雾多、湿度大、降水多。主峰莲花峰，海拔 1864.6 米。山中的温泉、云谷、松谷、北海、玉屏、钓桥六大景区，风光绮丽，美不胜收。

黄山原称"黟山"，因传说中华民族的始祖轩辕黄帝曾在此修炼升仙。唐天宝六年（公元 747 年）六月十六日改现名。这一天还被唐玄宗钦定为黄山的生日。黄山以其奇伟俏丽、灵秀多姿著称于世。这里还是一座资源丰富、生态完整、具有重要科学和生态环境价值的国家级风景名胜区和疗养避暑胜地，自然景观与人文景观俱佳。黄山集中国各大名山的美景于一身，尤其以奇松、怪石、云海、温泉"四绝"著称，现已将冬雪作为第五绝。这峰是大自然造化中的奇迹，历来享有"五岳归来不看山、黄山归来不看岳"的美誉。

奇峰	名称	海拔（米）
瑰丽高峰	莲花峰	1864
平旷高峰	光明顶	1860
险峻高峰	天都峰	1810

图 3-40　黄山旅游样张

3.7　课后练习与指导

一、选择题

1．在使用 Word 2010 进行文字编辑时，下列叙述中（　　）是错误的。

　　A．可将正在编辑的文档存为纯文本文件。

　　B．允许同时打开多个文档。

　　C．打印预览时，打印机必须是已经开启的。

　　D．使用"文件"选项卡中的"打开"可以打开一个 Word 文档。

2．在 Word 2010 中，以下快捷键说明错误的是（　　）。

　　A．Ctrl+S（保存文档）　　　　　　　　B．Ctrl+C（复制）

　　C．Ctrl+L（右对齐）　　　　　　　　　D．Ctrl+V（粘贴）

3．Word 2010 是（　　）。

　　A．字处理软件　　B．系统软件　　　　C．硬件　　　　　D．操作系统

4．在 Word 2010 中，选定文本块后，当鼠标指针变成箭头形状时，（　　）拖动鼠标到需要处即可完成文本块的移动操作。

A．按住 Shift 键　　B．按住 Ctrl 键　　C．按住 Alt 键　　D．无需按键

5．Word 窗口最上方"快捷访问工具栏"中的"撤销"按钮的功能是（　　）。

A．撤销上次操作　　　　　　　　B．加粗

C．设置下划线　　　　　　　　　D．改变所选内容的字体颜色

6．要对 Word 2010 文档的每一页加上页码，不正确的说法是（　　）。

A．可以利用【页眉和页脚】命令加上页码

B．页码必须从 1 开始编号

C．无需对每一页都使用【页眉和页脚】命令来设置

D．页码既可以出现在页脚上，也可以出现在页眉上

7．将插入点定位于句子"两个黄鹂鸣翠柳"中的"黄"与"鹂"之间，按一下【Del】键，则句子（　　）。

A．变为"两个鹂鸣翠柳"　　　　B．变为"两个黄鸣翠柳"

C．整句被删除　　　　　　　　　D．不变

8．在 Word 窗口的右上角，可以同时显示的按钮是（　　）。

A．最小化、还原和最大化　　　　B．还原、最大化和关闭

C．最小化、最大化和关闭　　　　D．关闭和最大化

二、填空题

1．第一次启动 Word 2010 后系统自动建立一个空白文档名为_____。

2．在 Word 2010 中，利用水平标尺可以设置段落的_____格式。

3．在 Word 2010 中编辑一个文档完毕后，想要知道它打印后的结果，可使用_____功能。

4．将文档分左右两个版面的功能叫做_____。

第 4 章

电子表格 Excel 2010

本章导读

▶ 掌握工作簿、工作表和单元格的基本操作
▶ 掌握数据输入的操作
▶ 掌握公式和函数的操作
▶ 掌握表格格式的操作
▶ 掌握数据筛选、排序及分类汇总的操作
▶ 掌握图表的操作
▶ 掌握数据透视表的操作

4.1 了解 Excel 2010 的工作界面

和以往的版本相比，Excel 2010 采用了全新的工作界面。Excel 2010 的工作界面主要由工作区、文件选项卡、标题栏、功能区、编辑栏、快速访问工具栏和状态栏等 7 部分组成，如图 4-1 所示。

1. 工作区

工作区占据着 Excel 2010 工作界面的大部分区域，在工作区中用户可以输入数据。工作区由单元格组成，可以用于输入和编辑不同的数据类型。

2. "文件"选项卡

单击"文件"选项卡后，会显示一些基本的菜单命令，包括"保存"、"另存为"、"打开"、"关闭"、"打印"、"选项"以及其他菜单命令。

3. 标题栏

默认状态下，标题栏左侧显示"快速访问工具栏"，标题栏中间显示当前编辑表格的文件名称。启动 Excel 时，默认的文件名为"工作簿 1"。

4. 功能区

Excel 2010 的功能区和 Excel 2007 中一样，由各种选项卡和包含在选项卡中的各种命令

按钮组成，功能区基本包含了 Excel 2010 中的各种操作所需要用到的命令。利用它可以轻松地查找以前隐藏在复杂菜单或工具栏中的命令和选项，给用户提供了很大的方便。

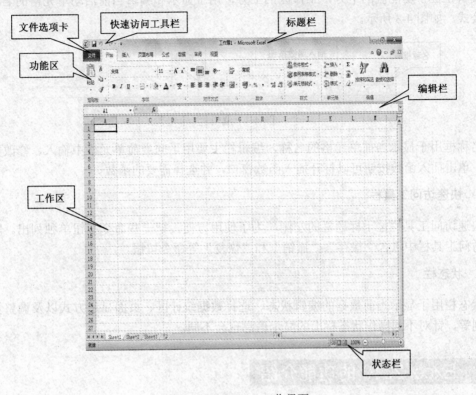

图 4-1　Excel 2010 工作界面

默认选择的选项卡为"开始"选项卡，使用时，可以通过单击来选择需要的选项卡。每个选项卡中包括多个选项组，每个选项组中又包含若干个相关的命令按钮。

某些选项卡只在需要使用时才显示出来。例如在表格中插入图片或选择图片后，就会出现"图片工具/格式"选项卡，"图片工具/格式"选项卡包括了"调整"、"图片样式"、"排列"和"大小"4 个选项组，这些选项组为插入图片后的操作提供了更多相应的命令，如图 4-2 所示。

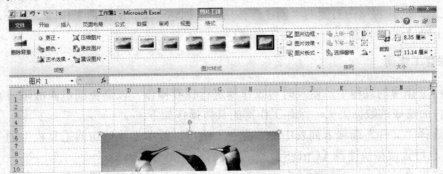

图 4-2　"图片工具/格式"选项卡

某些选项组的右下角有个 图标，它叫做对话框启动器，单击此图标，可以打开相应的对话框。

5. 编辑栏

编辑栏位于功能区的下方，工作区的上方，用于显示和编辑当前活动单元格的名称、数据或公式，如图 4-3 所示。

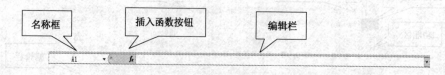

图 4-3   编辑栏

名称框用于显示当前单元格的名称，编辑栏主要用于向当前单元格中输入、修改数据或公式。单击插入函数按钮可以打开插入函数窗口，并选择需要的函数。

6. 快速访问工具栏

快速访问工具栏位于标题栏的左侧，为了使用方便，把一些命令按钮单独列出。默认的快速访问工具栏中包含"保存"、"撤销"和"恢复"等命令按钮。

7. 状态栏

状态栏用于显示当前数据的编辑状态、选择数据统计区、页面显示方式以及调整页面显示比例等，针对不同操作状态栏上的显示信息也会不同。

4.2 Excel 2010 的功能介绍

4.2.1 工作簿的基本操作

1. 创建工作簿

启动 Excel 2010 软件后，系统会自动创建一个名称为"工作簿 1"的空白工作簿，如果已经启动了 Excel 2010，还可以通过"文件"选项卡创建空白工作簿，具体做法如下：

单击"文件"选项卡，在左侧的列表中选择"新建"选项，在右侧的"可用模板"中单击"空白工作簿"，再单击右侧的"创建"按钮即可创建一个新的空白工作簿。另外，使用快捷键【Ctrl＋N】也可以新建一个空白工作簿。

2. 保存工作簿

在使用工作簿的过程中，要及时对工作簿进行保存操作，以避免因电源故障或系统崩溃等突发事件而造成的数据丢失。保存工作簿的具体操作如下：

（1）选择"文件"选项卡列表中的"保存"选项，或单击快速访问工具栏中的【保存】按钮 📄，也可直接按快捷键【Ctrl+S】。

（2）弹出"另存为"对话框，在下拉列表中选择文件的保存位置，在"文件名"文本框中输入文件的名称，单击【保存】按钮，即可保存该工作簿。

保存后返回 Excel 编辑窗口，在标题栏中将会显示保存后的工作簿名称。

还可以选择"文件"选项卡列表中的"另存为"选项将保存后的工作簿以其他的文件名

称保存，即另存为工作簿。

4.2.2　工作表的基本操作

Excel 2010 创建新的工作簿时，默认包含 3 个名称为 Sheet1、Sheet2 和 Sheet3 的工作表，下面是工作表的一些基本操作。

1.　工作表的创建

如果编辑 Excel 表格时需要使用更多的工作表，则可插入新的工作表。在每一个 Excel 2010 工作簿中最多可以创建 255 个工作表，但在实际操作中插入的工作表的数目要受所使用的计算机内存的限制。

插入工作表的具体操作步骤如下：使用鼠标右击 Sheet3 工作表标签，在弹出的快捷菜单中选择"插入"菜单命令，弹出"插入"对话框，在其中选择"工作表"图标，单击【确定】按钮，即可在当前工作表的前面插入工作表 Sheet4。

2.　工作表的移动和复制

（1）移动工作表

移动工作表最简单的方法是使用鼠标直接拖动：选择要移动的工作表的标签，按住鼠标左键不放，拖动鼠标指针到工作表的新位置，黑色倒三角形标志会随鼠标指针移动，确认新位置后松开鼠标左键，工作表即被移动到新的位置。

（2）复制工作表

要重复使用工作表数据而又想保存原始数据不被修改时，可以复制多份工作表进行不同的操作，用户可以在一个或多个 Excel 工作簿中复制工作表，其做法如下：使用鼠标选择要复制的工作表，按住【Ctrl】键的同时单击该工作表。拖动鼠标指针移动到工作表的新位置，黑色倒三角形标志会随鼠标指针移动，松开鼠标左键，工作表即被复制到新的位置。

3.　删除工作表

为了便于对 Excel 工作簿进行管理，可以将无用的工作表删除，以节省存储空间。鼠标右击要删除的工作表标签，在弹出的快捷菜单中选择"删除"命令即可将该工作表删除。

删除工作表后，工作表将被永久删除，该操作不能被撤销，要谨慎使用。

4.　改变工作表的名称

每个工作表都有自己的名称，为了便于理解和管理，在需要更名的工作表标签上用鼠标左键双击，进入可编辑状态（此时该标签背景被填充为黑色），输入新的标签名后，单击任意单元格确认即可。

5.　更改工作表标签颜色

工作表标签默认是白色，有时为了用户使用的方便，我们可以将工作表标签的颜色更改为其他颜色，其做法为：鼠标右击要更改颜色的工作表标签，在弹出的快捷菜单中选择"工作表标签颜色"命令，出现可以选择的颜色，在其中选择即可。

4.2.3 单元格的基本操作

单元格是 Excel 工作表的基本元素，由其所在的列和行组合表示，单元格的列用字母表示，行用数字表示，那么第 B 列第 5 行的单元格就表示为 B5 单元格。

1. 区域名的定义

我们可以用上述方法选择所需要的单元格区域，并为它定义一个名称，来方便以后的调用。

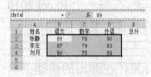

图 4-4 定义区域名

具体方法如图 4-4 所示，先选择所需要的单元格区域，再在左上方"名称框"中输入为该区域定义的名称，如"data"，按回车键后，该区域即被定义为"data"，如果下次想选择该区域对其进行操作的时候，只要单击"名称框"右侧的三角形箭头，在下拉列表中选择"data"，该单元格区域即可被选中。

2. 调整列宽和行高

在 Excel 工作表中，如果单元格的宽度不足以使数据显示完整，数据在单元格里则被填充成"######"的形式或者有些数据会以科学计算法来表示。当列被加宽后，数据就会显示出来。Excel 能根据输入字体的大小自动地调整行的高度，使其能容纳行中最大的字体，用户也可以根据自己的需要来设置。

可以通过拖动列号之间的边框线来调整列宽：将鼠标指针移动到两列的列号之间（如 C 和 D 之间），当指针变成 ✛ 形状时，按住鼠标左键向右拖动则可使列变宽。用户也可使用同样的方法拖动行号之间的边框线来调整行高。

要精确地调整列宽和行高最好使用对话框进行设置：鼠标右击需要调整高度的行左侧的行号，在弹出的快捷菜单中选择"行高"命令，弹出"行高"对话框，在"行高"输入框中输入希望调整到的行高（如：25），单击【确定】按钮即可。

Excel 还可根据所选列中数据的长度，自动调整到最合适的列宽，其操作方法如下：单击列标选择要调整宽度的列，在"开始"选项卡"单元格"选项组中单击"格式"按钮右侧的 ▾ 按钮，在弹出的下拉列表中选择"自动调整列宽"命令，即可将所选列的列宽调整为最合适的列宽。

3. 插入行和列

在编辑工作表的过程中，插入行和列的操作是不可避免的。插入行时，在选择行的上面插入一行；插入列时，在选择列的左侧插入一列。插入列的方法与插入行相同，下面以插入行为例，介绍其操作步骤：

打开 Excel 素材文件夹中的"某公司职工工资表.xlsx"文件，如果公司新来了一个技术员，需要把他的信息也输入到公司职工工资表中，则需要插入新的行，如果想把新的行插入到第 5 行，就要先选择第 5 行，再在"开始"选项卡"单元格"选项组中单击"插入"按钮右侧的 ▾ 按钮，在弹出的下拉列表中选择"插入工作表行"命令，如图 4-5 所示，即可在工作表的第 4 行和第 6 行中间插入一个空行，只要在里面输入需要的数据即可增加新技术员的工资信息。

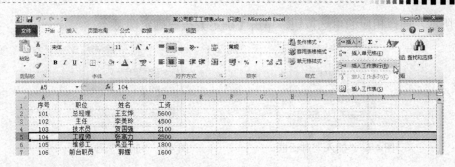

图 4-5 "插入工作表行"命令

4. 删除行和列

工作表中如果不需要某一个数据行或列，可以将其删除。以删除行为例，首先选择需要删除的行，然后在"开始"选项卡"单元格"选项组中单击"删除"按钮右侧的 ˅ 按钮，在弹出的下拉列表中选择"删除工作表行"命令，即可将其删除。

删除列的方法与删除行类似，这里不再详述。

5. 隐藏或显示行和列

在 Excel 工作表中，有时需要将一些不需要公开的数据隐藏起来，或者将一些隐藏的行或列重新显示出来。下面以隐藏行为例，介绍其方法。

鼠标右击需要隐藏的行的行号，在弹出的快捷菜单中选择"隐藏行"菜单命令，所选行就被隐藏起来了。

要取消隐藏行，首先要找到它，并选中它的上下两行。鼠标右击选中的上下两行的行号，在弹出的快捷菜单中选择"取消隐藏行"命令即可。

要取消隐藏列方法类似，只不过要先选择隐藏列的左右两列，这里不再详述。

6. 插入单元格

在 Excel 工作表中，可以在活动单元格的上方或左侧插入空白单元格，同时将同一列中的其他单元格下移或将同一行中的其他单元格右移。

在"开始"选项卡"单元格"选项组中单击"插入"按钮右侧的 ˅ 按钮，在弹出的下拉列表中选择"插入单元格"命令，弹出"插入"对话框，如图 4-6 所示，选择"活动单元格下移"单选按钮，单击【确定】按钮。即可在当前位置插入空白单元格区域，原位置数据则下移一行。

如果选择"活动单元格右移"单选按钮，即可在当前位置插入空白单元格区域，原位置数据则右移一列。

若选择"整行"单选按钮，则在当前单元格上方插入一行。

若选择"整列"单选按钮，则在当前单元格前方插入一列。

7. 删除单元格

首先选择需要删除的单元格，然后在"开始"选项卡"单元格"选项组中单击"删除"按钮右侧的 ˅ 按钮，在弹出的下拉列表中选择"删除单元格"命令即可。也可以在选择的单元格区域内用鼠标右击，在弹出的快捷菜单中选择"删除"命令，这时会弹出"删除"对话框，如图 4-7 所示，选择相应的单选按钮，单击【确定】按钮确定即可。

图 4-6 "插入"对话框　　　　　图 4-7 "删除"对话框

4.2.4　数据输入

在单元格中输入数据时，Excel 会自动地根据数据的特征进行处理并显示出来。为了更好地利用 Excel 强大的数据处理能力，我们需要了解 Excel 的输入规则和方法。

1. 输入文本和数值

1）输入文本

文本是单元格中经常使用的一种数据类型，包括汉字、英文字母、数字和符号等。每个单元格最多可包含 32767 个字符。

图 4-8　输入文本

在单元格中输入"7 号选手"，Excel 会将它显示为文本形式；若将"7"和"选手"分别输入到不同的单元格中，Excel 则会把"选手"作为文本处理，而将"7"作为数值处理，如图 4-8 所示。

要在单元格中输入文本，应先选择该单元格，输入文本后按【Enter】键，Excel 会自动识别文本类型，并将文本对齐方式默认设置为"左对齐"。

如果在单元格中输入的是多行数据，在换行处按下【Alt+Enter】组合键，可实现换行。换行后在一个单元格中将显示多行文本，行的高度也会自动增大。

2）输入数值

数值型数据是 Excel 中使用最多的数据类型。在选择的单元格中输入数值时，数值将显示在活动单元格和编辑栏中，按【Enter】键确认后，Excel 会自动将数值的对齐方式设置为"右对齐"。如果数值输入错误或者需要修改数值，可通过鼠标双击单元格来重新输入。

在单元格中输入数值型数据的规则如下：

输入分数时，为了与日期型数据区分，需要在分数之前加一个零和一个空格。例如在 A1 中输入"2/5"，则显示"2 月 5 日"；在 B1 中输入"0 2/5"，则显示"2/5"，值为 0.4。

如果输入以数字 0 开头的数字串，Excel 将自动省略 0，也就是不会显示开头的 0，例如在 B1 中输入"0123"按【Enter】键后显示为右对齐的"123"；如果要保持输入的内容不变，可以先输入"'"，再输入数字或字符，这时数字作为文本格式输入，例如在 B2 中输入"'0123"按【Enter】键后显示为左对齐的 0123。

若单元格容纳不下较长的数字，则会用科学计数法显示该数据，如"1.23457E+19"。

2. 输入时间和日期

在工作表中输入日期或时间时，为了与普通的数值数据相区别，需要用特定的格式定义时间和日期。Excel 内置了一些日期与时间的格式，当输入的数据与这些格式相匹配时，Excel

会自动将它们识别为日期或时间数据。

在输入日期时，为了含义确定和查看方便，可以用左斜线或短线分隔日期的年、月、日，如"2013/4/1"或者"2013-4-1"；如果要输入当前的日期，按【Ctrl+;】组合键即可。

输入时间时，小时、分、秒之间用冒号"："作为分隔符。在输入时间时，如果按 12 小时制输入时间，需要在时间的后面空一格再输入字母 am（上午）或 pm（下午），例如输入"8：20 am"，按下【Enter】键后单元格中显示的结果是 8：20 AM。如果要输入当前的时间，则按【Ctrl+Shift +;】组合键即可。

日期和时间型数据在单元格中靠右对齐。如果 Excel 不能识别输入的日期或时间格式，输入的数据则被视为文本并在单元格中靠左对齐。

特别需要注意的是：若单元格中首次输入的是日期，则单元格就自动格式化为日期格式，以后如果输入一个普通数值，系统仍然会换算成日期显示。

3. 撤销与恢复输入内容

利用 Excel 2010 提供的撤销与恢复功能可以快速地取消误操作，使工作效率有所提高。

1）撤销

在进行输入、删除和更改等单元格操作时，Excel 2010 会自动记录下最新的操作和刚执行过的命令。当不小心错误地编辑了表格中的数据时，可以利用"快速访问工具栏"中的"撤销"按钮 撤销上一步的操作。

Excel 中的多级撤销功能可用于撤销最近的 16 步编辑操作。但有些操作，比如存盘设置选项或删除文件则是不可撤销的，因此在执行文件的删除操作时要小心，以免破坏辛苦工作的成果。

2）恢复

【撤销】和【恢复】可以看成是一对逆操作，在经过撤销操作后【撤销】按钮右边的【恢复】按钮 将被置亮，这时可以用【恢复】按钮恢复刚刚撤销的操作。

4. 快速填充表格数据

Excel 2010 提供了快速输入数据的功能，利用它可以提高向 Excel 中输入数据的效率，并且可以降低输入错误率。

1）使用填充柄填充

填充柄是位于当前活动单元格右下角的黑色方块，鼠标移动到它上面，呈实心十字状态，如图 4-9 所示，这时按住鼠标拖动可进行填充操作，该功能适用于填充相同数据或者序列数据信息。填充完成后会出现一个图标，单击该图标，在弹出的下拉列表中会显示填充方式，如图 4-10 所示，可以在其中选择合适的填充方式。

图 4-9　填充柄

图 4-10　选择填充方式

利用填充柄还可以填充奇数列、偶数列或其他等差数列。

2）自定义序列填充

在 Excel 中还可以自定义填充序列，这样可以给用户带来很大的方便。自定义填充序列可以是一组数据，按重复的方式填充行和列。用户可以自定义一些序列，也可以直接使用 Excel 中已定义的序列。

自定义序列填充的具体操作步骤如下：选择"文件"选项卡，在下拉列表中选择"选项"命令，弹出"Excel 选项"对话框，单击左侧的"高级"类别，在右侧下方的"常规"栏中单击【编辑自定义列表】按钮，弹出"自定义序列"对话框，在"输入序列"文本框中输入内容，如图 4-11 所示，单击【添加】按钮，将定义的序列添加到"自定义序列"列表框中。

在单元格中输入"网络一班"，把鼠标指针定位在该单元格的右下角，当指针变成"**+**"形状时向下拖动鼠标，即可完成自定义序列的填充，如图 4-12 所示。

图 4-11　添加自定义序列

图 4-12　自定义序列填充效果

5. 批注的操作

在 Excel 2010 中，我们可以通过插入批注来对单元格添加注释。可以编辑批注中的文字，也可以删除不再需要的批注。对批注的操作主要是在快捷菜单中，下面我们分别介绍它们的操作方法：

1）批注的添加

选中要添加批注的单元格，右击鼠标，在弹出的快捷菜单中选择"插入批注"命令，在单元格右上出现的批注文本框内按要求修改作者和输入批注内容即可。

2）批注的显示与隐藏

批注一般不显示出来，但添加过批注的单元格，右上角会出现一个红色的小三角，只有鼠标移动到该单元格，批注才会显示出来，如果想要一直显示批注，就要右击该单元格，在弹出的快捷菜单中选择"显示批注"命令。

3）批注的复制

如果想将添加好的批注复制给其他单元格，只需选中已添加批注的单元格，右击鼠标，在弹出的快捷菜单中选择"复制"命令，再选中要将批注复制到的单元格，右击鼠标，在弹出的快捷菜单中选择下拉列表最下方的"选择性粘贴"命令，如图 4-13 所示，在打开的"选择性粘贴"对话框中选择"批注"项，如图 4-14 所示，单击【确定】按钮后即可完成批注的复制。

4）批注的修改

如果要修改批注的内容，只要选择该批注所在的单元格，右击鼠标，在弹出的快捷菜单中选择"编辑批注"命令，此时批注文本框会弹出并处于编辑状态，在其中修改批注内容，修改好后，单击任一单元格即可。

5）批注格式的设置

如果要修改批注的格式，只要选中批注框，右击鼠标，在弹出的快捷菜单中选择"设置批注格式"命令，在弹出的"设置批注格式"窗口的"字体"选项卡中，可设置批注文字的字体格式；在"对齐"选项卡中可以设置批注文本的对齐方式；在"颜色与线条"选项卡中，可以设置批注框的线条颜色和样式以及填充色。

图 4-13 "选择性粘贴"命令

图 4-14 "选择性粘贴"对话框

6）批注的删除

如果要将批注删除，只要选择该批注所在的单元格，右击鼠标，在弹出的快捷菜单中选择"删除批注"命令即可。

4.2.5 公式及函数的应用

公式和函数具有非常强大的计算功能，为用户分析和处理工作表中的数据提供了很多的方便。

1. 输入公式

输入公式时，先选中存放结果的单元格，再在编辑栏输入"="，用于标识输入的是公式而不是文本，公式输入完成，要按【Enter】键确认。在公式中经常包含算术运算符、常量、变量、单元格地址等，输入公式的方法如下：

1）手动输入

手动输入公式是指所有的公式内容均用键盘来输入。如图 4-15 所示，如果要求"张静"的总分，只需选中 E2 单元格，在编辑栏中输入"=B2+C2+D2"，公式输入完毕一定要按【Enter】键确认，Excel 2010 会自动进行数据的计算并在单元格中显示结果。

2）单击输入

如果觉得上面的方法比较麻烦，我们可以直接单击单元格引用，而不是完全靠键盘输入。单击输入更加简单、快速，不容易出问题。例如，要在单元格 E3 中输入公式"=B3+C3+D3"，选中 E3 单元格在编辑栏输入等号"="后我们可以直接单击 B3 单元格，此时 B3 单元格的周围会显示一个活动虚框，单元格 B3 地址也被添加到了公式中，如图 4-16 所示，再输入加号"+"，单击 C3 单元格，将单元格 C3 地址也添加到公式中，用同样的方法将公式输入完成，按【Enter】键后即得到"李宏"的总分。

3）利用填充柄将公式赋给其他单元格

具体做法是：将鼠标指针定位在单元格 E2 的右下角，当指针变成"+"形状时向下拖动，结果如图 4-17 所示。

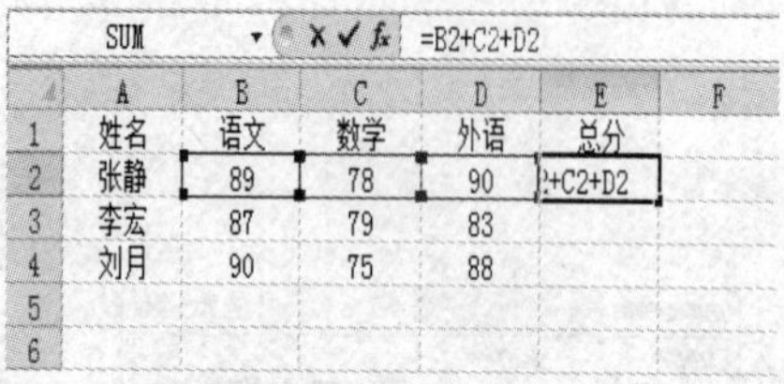

图 4-15 手动输入公式

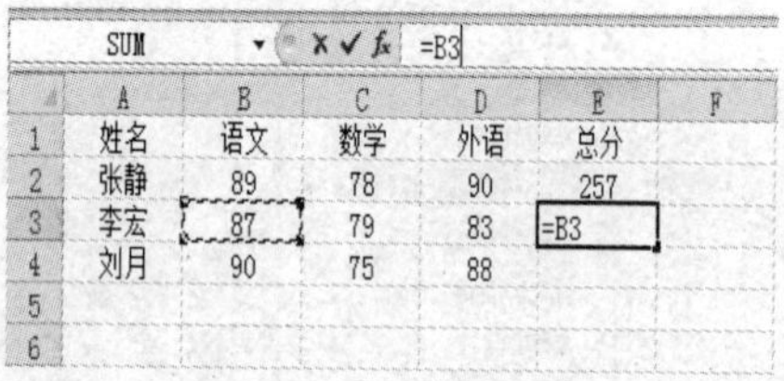

图 4-16 单击输入公式

单击 E4 单元格时，发现编辑栏里的公式不是简单被复制，而是根据存放结果的单元格的行数的增加，将公式中引用的单元格地址行数也做了相应增加，如图 4-18 所示，使第 4 行的总分成为第 4 行单科成绩的总和，从而得到正确的结果。

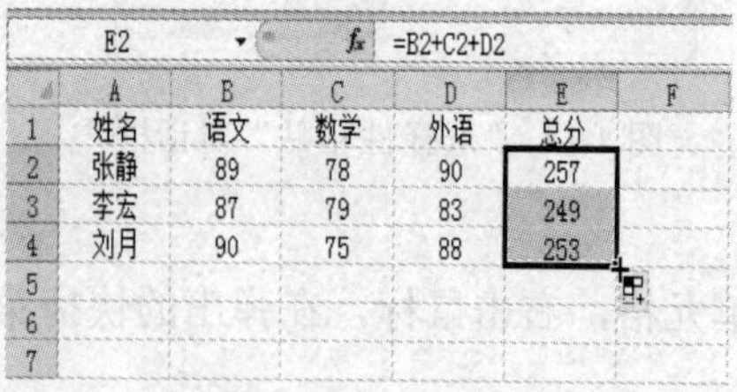

图 4-17 利用填充柄将公式赋给其他单元格

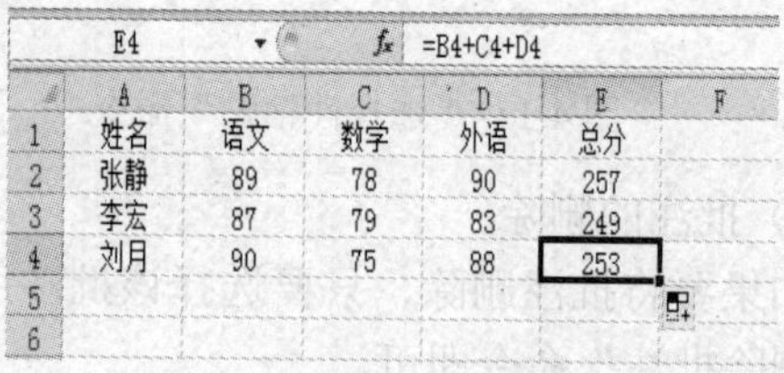

图 4-18 E4 单元格中的公式

2. 单元格的引用

1）相对引用

单元格的引用会随公式所在单元格位置的改变而更改，这种引用被称为相对引用，默认的情况下，公式使用的都是相对引用。

2）绝对引用

如果我们不想让单元格的地址随着公式位置的改变而变化，可在该单元格地址的行号和列号前分别加上"$"符号将其固定，这种引用被称为绝对引用，如 B3 单元格的绝对引用形式是B3。如图 4-19 所示，要给每个学生的总分上加上统一的附加分，在引用 J2 单元格时，就要使用绝对引用。

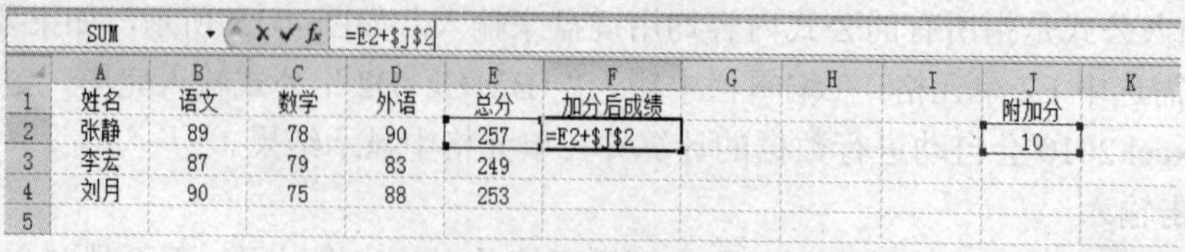

图 4-19 J2 单元格的绝对引用

3）混合引用

如果行号和列号只需固定其中一个，可只在需要固定的行号或列号前加 "$"符号，这种被称为混合引用，如 C$5、$F8。

4）跨工作表引用

如果公式要用到同一工作簿中其他工作表中的数据，其引用方式是"该数据所在的工作表！该数据所在的单元格"，比如要引用 Sheet2 工作表中的 A2 单元格，可表示为"Sheet2！A2"。如果上例中外语成绩被放在 Sheet2 工作表中，那我们求总分在输入公式到"＝B2＋C2＋"的时候，可以用手动输入法直接输入"Sheet2！A2"后按回车键，也可以单击 Sheet2 工作表，再在该工作表中单击 A2 单元格后按回车键。

注意：单击完 Sheet2 工作表的 A2 单元格后，要马上按回车键，而不要再单击 sheet1 工作表返回，那样"Sheet2！A2"就会变成"Sheet1！A2"了，如果引用完其他工作表的单元格后，公式还没有结束，就要马上输入下一个运算符，然后再返回原工作表，不然也会出现类似问题。

5）跨工作簿引用

引用其他工作簿中的单元格的方法，和上面讲述的方法类似，这两类操作的区别仅仅是引用的工作表单元格是不是在同一个工作簿中。对多个工作簿中的单元格数据进行引用时，打开需要用到的每一个工作簿中的工作表，在需要引用的工作表中直接选择单元格即可。

3. 函数的使用

1）函数的组成

在 Excel 2010 中，一个完整的函数通常由 3 部分构成，其格式为：标识符 函数名称（函数参数），如图 4-20 所示。

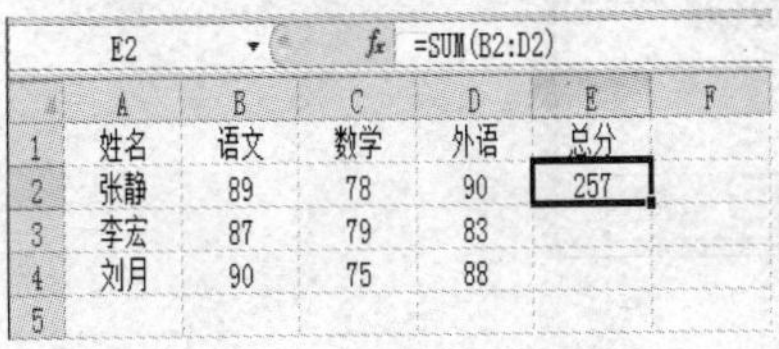

在单元格中输入计算函数时，必须先输入一个"="，这个"="称为函数的标识符。如果不输入"="，Excel 通常将输入的函数式作为文本来处理，不返回运算结果。

函数标识符后面的英文是函数名称。大多数函数名称是对应英文单词的缩写。有些函数名称则是由多个英文单词（或缩写）组合而成的，例如条件计数函数 COUNTIF 是由计数 COUNT 和条件 IF 组成的。

图 4-20　函数的组成

函数参数主要包括常量、逻辑值、单元格引用、名称、其他函数式、数组参数几种类型。这几种参数大多是可以混合使用的，因此许多函数都会有不止一个参数，这时可以用英文状态下的逗号将各个参数隔开。

2）函数的输入

在 Excel 2010 中，输入函数的方法有手动输入和使用函数向导输入两种方法。手动输入函数和输入普通的公式一样，在此不再重复说明。使用函数向导输入函数的具体操作步骤如下：

打开 Excel 素材文件夹中的"成绩单.xlsx"文件，选择 E2 单元格，在"公式"选项卡中，单击"函数库"选项组中的"插入函数"按钮，如图 4-21 所示，或者单击编辑栏左边的"插入函数"按钮 f_x，弹出"插入函数"对话框，如图 4-22 所示。

在"或选择类别"下拉列表中选择"常用函数"选项，在"选择函数"列表框中选择"SUM"求和函数，此时列表框的下方会出现关于该函数功能的简单提示，单击【确定】按钮，弹出"函数参数"对话框，如图 4-23 所示，这时"Number1"文本框中会根据求和的位置显示可能的求和范围"B2：D2"，如果该范围正确，可直接单击【确定】按钮，如果"Number1"文本框中显示的求和范围不正确，可由鼠标拖曳，在工作表中选择正确的求和范围，单击【确定】按钮后，即可在 E2 单元格得到正确的求和结果。

图 4-21　利用选项卡插入函数

图 4-22　"插入函数"对话框

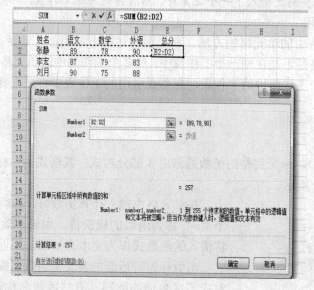

图 4-23　"函数参数"对话框

4.2.6　设置表格格式

很多情况下我们都要对表格的格式，比如数据的显示格式、对齐方式、表格边框线等进行设置。

1．数据格式的设置

单元格中数据的字体，可在选择要设置的单元格后，在"开始"选项卡"字体"选项组内设置，如图 4-24 所示。

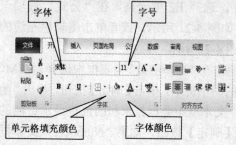

图 4-24　字体格式的设置

单元格里的数据可以采用不同的格式来显示，设置单元格格式的方法如下：选择需要设置格式的单元格区域并用鼠标右键单击，在弹出的快捷菜单中选择"设置单元格格式"菜单命令，弹出"设置单元格格式"对话框，如图 4-25 所示，选择"数字"选项卡，在"分类"列表框中选择格式类型，在右边根据实际需要进行详细设置即可。

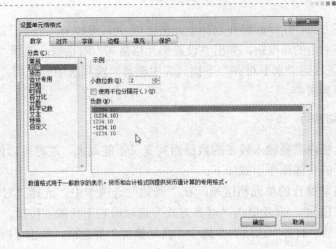

图 4-25 "设置单元格格式"对话框

除了使用快捷菜单，通过单击"开始"选项卡"字体"选项组或"对齐方式"选项组、"数字"选项组右下角的对话框启动器 ，如图 4-26 所示，也可以打开"设置单元格格式"对话框。

图 4-26 "字体"组的对话框启动器

2．数据的居中

如果想让数据在单元格里居中，只要选中其所在的单元格，并单击"开始"选项卡"对齐方式"选项组里的"居中"按钮 即可，但如果数据想跨多个单元格居中，可采用下面的两种方法：

1）合并后居中

合并后居中就是在 Excel 工作表中，将两个或多个相邻的单元格合并成一个单元格，再将原来单元格中的内容在合并后的单元格内居中。操作前必须要先选择需要合并的所有相邻单元格。下面以一个具体实例来介绍它的操作步骤：

打开 Excel 素材文件夹中的"考试成绩表.xlsx"文件，选择单元格区域 A1：E1，在"开始"选项卡中，单击"对齐方式"选项组中的"合并后居中"按钮 ，该表格标题行即合并且居中。

单元格合并后，将使用原始区域左上角的单元格的地址来表示合并后的单元格地址。如上例中合并后的单元格用 A1 来表示。

2）跨列居中

合并后居中是将几个单元格合并成一个然后使数据在合并后的单元格内居中；而跨列居中并不合并单元格，而使数据跨越多个单元格的范围居中，即跨越多列居中，每一列还是独立的单元格，跨列居中的操作方法如下：

按照前面所述方法，打开素材并选择单元格区域 A1：E1，在"开始"选项卡中，单击"对齐方式"选项组右下角的 按钮，弹出"设置单元格格式"对话框。选择"对齐"选项卡，在"文本对齐方式"区域的"水平对齐"下拉列表中选择"跨列居中"选项，然后单击【确定】按钮，即可实现跨列居中。

3. 数据的自动换行

有时一个单元格内需要输入较多的数据而列宽又不能太大，这时可以使用自动换行功能。设置文本自动换行的具体操作步骤如下：

选择要设置自动换行的单元格区域，在"开始"选项卡中，选择"对齐方式"选项组中的"自动换行"按钮 ，或者单击"对齐方式"选项组右下角的 按钮，在弹出的"设置单元格格式"对话框的"对齐"选项卡中选中"自动换行"复选框，单击【确定】按钮后即可实现文本的自动换行。

4. 表格边框线的设置

启动 Excel 2010 时，工作表默认显示的表格线是灰色的，并且不可打印，为了使表格线更加清晰、美观，或者需要打印出表格线，用户可以根据需要对表格边框线进行设置。操作方法如下：

选择需要设置表格边框线的单元格区域，在"开始"选项卡中，单击"对齐方式"选项组右下角的 按钮，在弹出的"设置单元格格式"对话框中选择"边框"选项卡，如图 4-27 所示。

先在"样式"列表中选择边框线样式，"颜色"下拉列表中选择边框线颜色，然后单击右侧的"外边框"按钮，则设置表格外边框为刚才选择的线条。

按照上述方法选择表格内部框线的样式及颜色，单击右侧的"内部"按钮，即设置表格内部框线为已选择的线条。

图 4-27　设置表格边框线

5. 快速设置表格样式

使用 Excel 2010 内置的表格样式可以快速地美化表格，Excel 2010 预置有 60 种常用的格式，用户可以套用这些预先定义好的格式，提高工作效率，具体做法如下：

选择要套用格式的单元格区域，在"开始"选项卡中，选择"样式"选项组中的"套用表格格式"按钮右侧的三角形箭头，在下拉列表中选择喜欢的样式。单击样式，弹出"套用表格格式"对话框，单击【确定】按钮即可套用所选样式。

6. 快速设置单元格样式

如果只是想对表格中某些单元格进行快速样式的设置，可以先选中这些单元格，然后在"开始"选项卡中，选择"样式"选项组中的"单元格样式"按钮下方的三角形箭头，在下拉列表中选择喜欢的样式。

7. 条件格式的设置

所谓条件格式是指当指定条件为真时，Excel 自动应用于单元格的格式，例如单元格底纹或字体颜色。如果想为某些符合条件的单元格应用某种特殊格式，使用条件格式功能可以比较容易实现。如果再结合使用公式，条件格式就会变得更加有用。

一份成绩单中，将不及格（即小于 60）的分数突出显示为红色，就可以先选中所有要突出显示特定格式的成绩单元格，再在"开始"选项卡"样式"选项组"条件格式"下拉列表中选择"突出显示单元格规则"命令，在展开的子列表中选择规则（本例选"小于"），弹出"小于"对话框，在"为小于以下值的单元格设置格式"文本框中输入"60"，在"设置为"下拉列表中选择"红色文本"格式（此处的格式还可以通过选择"自定义格式"命令来进行其他格式的设置），最后单击【确定】按钮确定即可。

8. 艺术字的使用

艺术字是一个文字样式库，用户可以将艺术字添加到 Excel 工作表中，制作出装饰性效果。

1）插入艺术字

在工作表中添加艺术字的具体操作步骤如下：在"插入"选项卡中，单击"文本"选项组中的"艺术字"按钮，弹出"艺术字"下拉列表，选择所需的艺术字样式，即可在工作表中插入艺术字文本框，将鼠标光标定位在艺术字文本框中，删除"请在此处放置您的文字"，输入新的文本，将光标放在艺术字文本框上，当出现四向箭头时按住鼠标拖动艺术字到希望的位置，单击工作表中任一单元格即可完成艺术字的插入。

2）设置艺术字格式

在工作表中插入艺术字后，还可以继续设置艺术字的格式。

修改艺术字字体和大小：输入艺术字过程中或者在输入艺术字后，可能发现文字字体或者大小不符合要求，可以单击艺术字并通过鼠标拖曳选中所有艺术字，在"开始"选项卡"字体"选项组中进行字体格式的基本设置。

设置艺术字样式：在插入艺术字或选择艺术字后，会出现"绘图工具/格式"选项卡，如图 4-28 所示，在其中的"艺术字样式"选项组中可以重新选择艺术字样式，或设置艺术字的填充效果和轮廓。

图 4-28 "绘图工具/格式"选项卡

3）设置艺术字形状样式

在"绘图工具/格式"选项卡"形状样式"选项组中可以设置艺术字的形状样式（即包含艺术字的矩形框的样式），我们既可以在左边的形状样式列表中选择已有的形状样式，也可以自己定义：单击【形状填充】按钮可以自定义设置艺术字形状的填充样式，单击【形状轮廓】按钮可以自定义设置艺术字形状的轮廓样式，单击【形状效果】按钮可以自定义设置艺术字形状的形状效果。

9. 页眉、页脚的插入

我们也可以为 Excel 工作表插入页眉和页脚，具体步骤如下：单击"页面布局"选项卡"页面设置"选项组右下的对话框启动器 ，弹出"页面设置"对话框，选择其中的"页眉/页脚"选项卡，如图 4-29 所示，单击【自定义页眉】按钮，弹出"页眉"对话框，如图 4-30 所示，根据要设置的页眉的位置，选择在"左"、"中"、"右"文本框中输入页眉文字，如果要设置页眉文字的格式，可选中输入的文字，单击【格式文本】按钮 （即上方第一个按钮），在弹出的"字体"对话框中设置字体格式，依次单击【确定】按钮完成设置。

图 4-29 "页眉/页脚"选项卡

图 4-30 "页眉"对话框

页脚的插入和页眉相似，只要单击【自定义页脚】按钮即可，这里不再详述。

4.2.7 数据的筛选

在 Excel 2010 中提供了数据筛选功能，可以在工作表中只显示符合特定筛选条件的某些数据行，不满足筛选条件的数据行将自动隐藏。

自动筛选器提供了快速访问数据列表的管理功能。进行自动筛选，可以选择使用单条件和多条件两种筛选方式。

1. 单条件筛选

所谓单条件筛选，就是将符合一种条件的数据筛选出来。例如在班级成绩表中，要将 110 班的学生筛选出来，具体的操作步骤如下：

打开 Excel 素材文件夹中的"单条件筛选数据.xlsx"文件，选择数据区域内的任一单元格。在"开始"选项卡"编辑"选项组中，单击"排序和筛选"按钮下方的三角形箭头，在下拉列表中选择"筛选"命令，进入"自动筛选"状态，此时在字段名行每个字段名的右侧会出现一个下拉按钮，如图 4-31 所示。

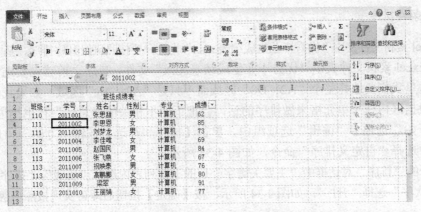

图 4-31 "自动筛选"状态

单击字段名"班级"右侧的下拉按钮，在弹出的下拉列表中取消对"全选"复选框的选择，选择"110"复选框，然后单击【确定】按钮即可。经过筛选的数据清单仅显示 110 班学生的成绩，其他记录则被隐藏起来。

2. 多条件筛选

多条件筛选就是将符合多个条件的数据筛选出来。例如要将班级成绩表中数学成绩大于等于 60 且小于 90 分的学生筛选出来，具体的操作步骤如下：

打开 Excel 素材文件夹中的"多条件筛选数据.xlsx"文件，选择数据区域内的任一单元格。在"开始"选项卡"编辑"选项组中，单击【排序和筛选】按钮下方的三角形箭头，在下拉列表中选择"筛选"命令，进入"自动筛选"状态，此时在字段名行每个字段名的右侧会出现一个下拉按钮。

单击字段名"数学"右侧的下拉按钮，在弹出的下拉列表中选择"数字筛选"选项，会弹出一个选择列表，在其中选择"大于或等于"选项。

弹出"自定义自动筛选方式"对话框，如图 4-32 所示，在"大于或等于"后的文本框中输入"60"，根据需要选择下方的"与"选项（因为这里"大于等于 60"和"小于 90"两个条件是要同时满足的，是"与"的关系），再单击下面的下拉按钮，在下拉列表中选择"小于"，并在其后面的文本框中输入"90"，单击【确定】按钮，即可完成数据的筛选。

图 4-32 "自定义自动筛选方式"对话框

4.2.8 数据排序

根据用户的需要，有时需要对数据进行排序。可以使用 Excel 2010 提供的排序功能对数据进行升序或降序排列。我们可以按照一个条件（即一个关键字）进行排序，也可以按照多个条件（即多个关键字）进行排序。下面分别来看一下它们的基本步骤：

1. 单条件排序

以 Excel 素材文件夹中"优秀毕业生成绩表.xlsx"为例，要按照班级升序排序，基本步骤如下：

打开 Excel 素材文件夹中"优秀毕业生成绩表.xlsx"文件，排序之前首先要选中进行排序的区域，这里我们要选择整个"A2：D8"区域而不只是"A2：A8"区域。如果我们不选中区域只单击数据区内任一单元格来做排序的话，会把下面不相关的"总计"行也排进来。

在"开始"选项卡"编辑"选项组中，单击【排序和筛选】按钮下方的三角形箭头，在下拉列表中选择"自定义排序"命令，如图 4-33 所示。

在打开的"排序"对话框中"主要关键字"后的下拉列表内选择"班级"，"排序依据"选择"数值"，"次序"选择"升序"，如图 4-34 所示，按【确定】按钮后即可实现按照班级升序排序。

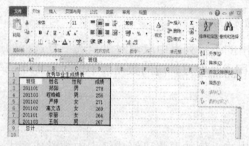

图 4-33 "自定义排序"命令

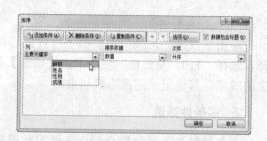

图 4-34 "排序"对话框

2. 多条件排序

图 4-35 设置"次要关键字"

如果班级相同的学生信息，我们想按该班成绩由高到低排序，即先按照班级升序排序，班级相同的再按成绩降序排序。那么在上述步骤中，设置完主要关键字信息后，不要按【确定】按钮，而是单击左上方的【添加条件】按钮，添加次要关键字，并在"次要关键字"后的下拉列表内选择"成绩"，"排序依据"选择"数值"，"次序"选择"降序"，如图 4-35 所示，单击【确定】按钮后即可实现按照班级升序及成绩降序排序。

4.2.9 数据分类汇总

当需要在 Excel 中对数据进行分类统计时，可以使用分类汇总命令，如果对工作表中的某列数据选择两种或两种以上的分类汇总方式或汇总项进行汇总，就叫多重分类汇总。在做分类汇总之前首先要按照分类字段进行排序，还是以 Excel 素材文件夹中"优秀毕业生成绩表.xlsx"为例，我们来看一下分类汇总的操作步骤。

1. 分类汇总

如果我们想按照班级汇总成绩的平均值，制作方法如下：

打开 Excel 素材文件夹中"优秀毕业生成绩表.xlsx"文件,先按照分类字段(即班级)进行排序,升序、降序都可,这里排序的目的主要是把同一类的(即同一个班级的)学生信息放在一起,排序的方法前面已讲,这里不再详述。

选择整个"A2:D8"区域,在"数据"选项卡"分级显示"组中单击【分类汇总】按钮。在弹出的"分类汇总"对话框中,选择"分类字段"为"班级","汇总方式"为"平均值","选定汇总项"为"成绩",下方默认勾选的"替换当前分类汇总"和"汇总结果显示在数据下方"保持不变,如图 4-36 所示,单击【确定】按钮,按照班级分类汇总成绩后的结果如图 4-37 所示,单击左侧的减号按钮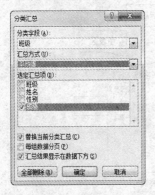,学生信息被隐藏,同时减号按钮变为加号按钮,单击该加号按钮,学生信息又被展开。

图 4-36 "分类汇总"对话框　　　图 4-37 按照班级分类汇总成绩后的结果

2. 多重分类汇总

如果我们想按照班级及性别汇总成绩的平均值,做法如下:

打开 Excel 素材文件夹中"优秀毕业生成绩表.xlsx"文件,先按照分类字段进行排序,这里我们要将"班级"作为"主要关键字","性别"作为"次要关键字"进行排序,升序、降序都可,这里排序的目的主要是把同一类的学生信息放在一起,排序的方法前面已讲,这里不再详述。

先做大分类汇总,即按照班级分类汇总,方法参照上例。

再做小分类汇总,选择整个"A2:D8"区域,在"数据"选项卡"分级显示"组中单击"分类汇总"按钮,在弹出的"分类汇总"对话框中,选择"分类字段"为"性别","汇总方式"为"平均值","选定汇总项"为"成绩",取消对"替换当前分类汇总"的选择,如图 4-38 所示,按【确定】按钮,按照班级及性别分类汇总成绩后的结果如图 4-39 所示。

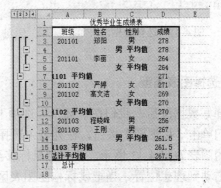

图 4-38 双重分类汇总的设置　　　图 4-39 按照班级及性别分类汇总成绩后的结果

4.2.10 图表

图表是将表格中的数据以图形的形式表示，使数据表现得更加可视化、形象化，方便用户了解数据之间的关系、数据的宏观走势和规律。系统提供了柱形图、折线图、饼图等 11 种图表的类型，用户可以根据自己的情况来选择适当的图表类型。

1. 图表的基本结构

图表主要由图表区、绘图区、图表标题、数值轴、分类轴、网格线以及图例等组成，如图 4-40 所示。

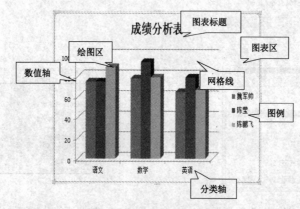

图 4-40 图表的基本结构

2. 创建图表

选择数据源

制作图表，首先要选择生成该图表所使用的数据，即选择创建图表所需的数据源，以 Excel 素材文件夹中"期中成绩单.xlsx"为例，如果要将魏军帅、陈莹、陈鹏飞三位同学的语文、数学和英语成绩做成柱形图，来分析比较，我们就要先选中三位同学的姓名及语文、数学和英语成绩单元格，选择时注意：① 这些单元格所在字段的字段名也要选中；② 连在一起的单元格要通过鼠标拖动一起选中；③ 选择多个不连续的区域时，要先选择第一块区域，再按住【Ctrl】键选择其他区域，而不要一开始就按【Ctrl】键。选择好数据源后的结果如图 4-41 所示。

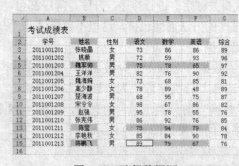

图 4-41 选择数据源

3. 选择图表类型

选择好数据源后，我们在"插入"选项卡"图表"选项组里选择需要的图表类型，本例中，我们单击【柱形图】按钮，在列表中选择"三维柱形图"中的第一个，如图 4-42 所示，创建好的图表如图 4-43 所示，我们把鼠标移至图表区，指针变为四向箭头时，可按住鼠标将图表拖动到理想位置，当把鼠标拖至图表区任一顶点或任一边中点，指针变为双向箭头时，可按住鼠标拖动改变图表的大小。

图 4-42　选择图表类型

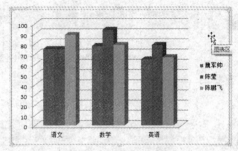

图 4-43　创建好的图表

4. 编辑图表

当插入或选择图表后，在功能区中会出现"图表工具"选项卡，它由"设计"、"布局"和"格式"三个选项卡组成，下面我们分别来介绍。

"设计"选项卡，如图 4-44 所示，单击其"类型"选项组中"更改图表类型"按钮，会弹出"更改图表类型"对话框，如图 4-45 所示，可以重新选择图表的类型。

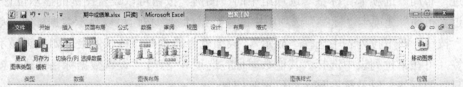

图 4-44　"设计"选项卡

单击"设计"选项卡"数据"选项组中的"切换行/列"按钮交换坐标轴上的数据，使标在 X 轴和 Y 轴上的数据互换。单击该选项组中"选择数据"按钮，可以重新选择生成图表的数据源。

在"设计"选项卡"图表布局"选项组中可以选择系统设置好的各种图表布局；在"图表样式"选项组中还可以选择各种图表样式。

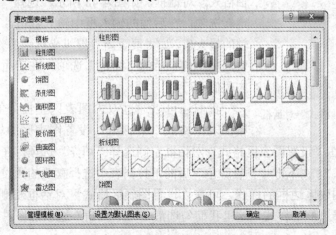

图 4-45　"更改图表类型"对话框

　　"布局"选项卡如图 4-46 所示，单击"标签"选项组中的"图表标题"按钮可以添加图表标题，这里我们在弹出的下拉菜单中选择"图表上方"菜单命令，在图表上方出现的"图表标题"占位符中，输入标题"成绩分析表"，选择输入好的标题，可以在"开始"选项卡"字体"选项组中设置标题文字的格式，还可以在"格式"选项卡"艺术字样式"选项组中将其设为艺术字，并在"形状样式"选项组中设置艺术字的形状样式，如图 4-47 所示。

图 4-46　"布局"选项卡

图 4-47　"格式"选项卡

　　通过"布局"选项卡"标签"选项组中的"坐标轴标题"按钮可以为图表添加横坐标轴及纵坐标轴标题。

　　通过"布局"选项卡"标签"选项组中的"图例"按钮可以设置图例的显示位置。

　　通过"布局"选项卡"标签"选项组中的"数据标签"按钮可以显示数据标签，单击"数据标签"按钮，在下拉列表中选择"显示"，成绩就会显示在该柱状图上。如果想显示其他的数据标签，可在下拉列表中选择"其他数据标签选项"，打开"设置数据标签格式"窗口，选择所要显示的标签，以及标签显示的位置等信息。

图 4-48　"设置坐标轴格式"对话框

　　通过"布局"选项卡"坐标轴"选项组中的"坐标轴"按钮可以设置坐标轴的格式，如坐标轴上刻度间隔及数字格式。以纵坐标轴为例，单击"坐标轴"按钮，在下拉列表中选择"主要纵坐标轴"，在展开的下级列表中选择"其他主要纵坐标轴选项"，打开"设置坐标轴格式"对话框，如图 4-48 所示，选择"最大值"后的"固定"选项，在后面的输入框中输入数值，可重新设置纵坐标轴的最大值，如果要重新设置纵坐标轴的刻度单位，选择"主要刻度单位"后的"固定"选项，在后面的输入框中输入相应数值即可。

　　我们还可以通过双击图表区空白处的方法，打开"设置图表区格式"对话框，设置图表区的填充及边框样式。如图 4-49 所示，在"设置图表区格式"对话框左侧选择"填充"选项，在右侧选择填充的样式，如"渐变填充"，在下方"预设颜色"后的下拉列表中选择喜欢的预设填充色即可。

　　如果要设置图表区边框的样式，可在"设置图表区格式"对话框左侧选择"边框样式"选项，在右侧选择边框的样式，这里我们勾选最下方"圆角"选项，将图表区边框设为圆角矩形。

　　我们还可以在"设置图表区格式"对话框左侧选择"阴影"选项，在右侧"预设"后的下拉列表中选择喜欢的阴影样式。

　　选中图表，在"开始"选项卡"字体"选项组可设置图表区文字字体。右击网格线，选择快捷菜单中的"清除"命令，可删除网格线。右击背景墙，选择快捷菜单中的"清除"命令，可删除背景墙。

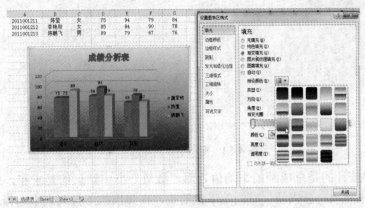

图 4-49　"设置图表区格式"对话框

4.2.11　数据透视表

　　数据透视表实际上是一个将大量数据进行快速汇总和建立交互表的动态汇总报表。使用数据透视表可以深入地分析数据，进而使创建数据汇总变得非常容易。下面我来看一下如何创建数据透视表，以 Excel 素材文件夹中"部分学生成绩表.xlsx"为例，生成数据透视表，按"班级"及"性别"统计"总成绩"的平均值，步骤如下：

　　打开 Excel 素材文件夹中"部分学生成绩表.xlsx"文件，选择创建数据透视表所用的数据源，如图 4-50 所示。

　　选择"插入"选项卡"表格"选项组中"数据透视表"下拉列表中的"数据透视表"，弹出"创建数据透视表"对话框，如图 4-51 所示，在"选择放置数据透视表的位置"下，选择"现有工作表"选项，并单击数据透视表放置的起始位置单元格，如 A13 单元格，确定数据透视表的位置，按【确定】按钮确定后，在 A13 单元格起始的位置处出现数据透视表占位符，在右侧出现数据透视表字段列表。

班级	学号	姓名	性别	数学	英语	专业课	总成绩
计算机1班	1101	李思恩	女	56	64	66	186
计算机1班	1102	刘梦龙	男	65	57	58	180
计算机1班	1103	李佳唯	女	65	75	85	225
计算机1班	1104	赵国民	男	68	66	57	191
计算机1班	1105	张思甜	女	67	65	59	191
计算机2班	1201	张飞燕	女	70	90	80	240
计算机2班	1202	祝晓泰	男	78	48	75	201
计算机2班	1203	高鹏鹏	女	78	61	56	195
计算机2班	1204	梁罗	男	85	92	88	265
计算机2班	1205	王丽娟	女	85	85	88	258

图 4-50　选择创建数据透视表所用的数据源

图 4-51　"创建数据透视表"对话框

　　用鼠标拖动数据透视表字段列表中的"班级"字段到下方的"行标签"框内，拖动"性别"字段到下方的"列标签"框内，拖动"总成绩"字段到下方的"数值"框内，如图 4-52 所示。

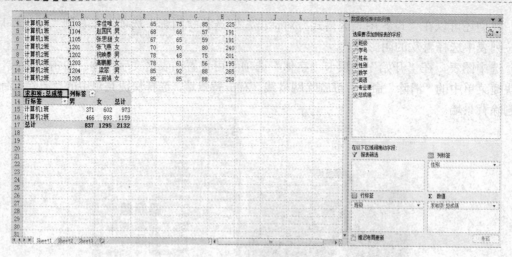

图 4-52　拖动字段到相应位置

　　由于我们要统计的是总成绩的平均值，而"数值"框中默认的是求和，所以我们要单击"数值"框中"求和项：总成绩"右侧的下拉箭头，在弹出的下拉列表中选择"值字段设置"选项，打开"值字段设置"对话框，如图 4-53 所示，在"计算类型"列表中选择"平均值"，并可将"自定义名称"输入框中的"平均值项：总成绩"改为"平均总成绩"，按【确定】按钮后，数据透视表如图 4-54 所示。

　　调整数据透视表的格式：我们发现数据透视表中数据的小数位数保留不统一，我们可以选中已生成的数据透视表中的数据，右击鼠标，在快捷菜单中选择"数字格式"命令，打开"设置单元格格式"对话框，在左侧"分类"列表中选择"数值"，右侧设置小数位数为 2，统一将数据保留两位小数。

　　如果不希望在数据透视表的右侧及下方有行、列总计，可将光标停留在数据透视表内，在"数据透视表工具/设计"选项卡"布局"选项组中"总计"下拉列表中选择"对行和列禁用"即可。我们还可以在该选项卡"数据透视表样式"选项组中选择喜欢的数据透视表样式。

图 4-53　"值字段设置"对话框

图 4-54　数据透视表

4.3　项目一：房价分析

　　项目要求：用我国几个主要城市 2006～2010 年房屋均价及目前人均年收入数据分析近五年来房价走势及人们的生活状况。

4.3.1　查找、整理数据

任务 1：查找、整理数据

学习目标：掌握数据的输入；工作表的更名

要求：搜集我国几个主要城市 2006～2010 年房屋均价及目前人均年收入数据，将它们录入 Excel 工作表中，并将该工作表更名为"房价"。

具体操作步骤如下：

（1）打开 Excel 2010，选中 A1 单元格，在上方的编辑栏中输入标题"主要城市 2006～2010 年房价走势表"，在第二行各单元格依次输入字段名"城市"、"类型"、"2006 年"、"2007 年"、"2008 年"、"2009 年"、"2010 年"、"增长率"、"人均年收入"、"差额"、"生活状况"。

（2）利用各搜索引擎搜索几个主要城市 2006～2010 年房屋均价及目前人均年收入数据，把它们录入相应单元格中。

（如果来不及查找，也可直接打开 Excel 素材文件夹下的"素材 1.xlsx"文件）

（3）双击工作表标签"Sheet1"，输入新的名称"房价"。

4.3.2　公式函数的使用

任务 2：看看五年来房价的增长速度及其和收入的差距

学习目标：掌握公式和函数的使用；区域名的定义及运算

要求：利用查找到的数据，计算出 2006～2010 年各城市房价的增长率，目前人均年收入与房价的差额；求出这几个城市五年来房价数据的最大值；看看有几个城市房价的增长率超过了 1（即 100%）。

具体操作步骤如下：

（1）先计算第一个城市的房价增长率，选中存放结果的单元格（即 H3 单元格），在表格上方的编辑栏中输入公式"=(G3-C3)/C3"，按回车键。

（2）选取 H3 单元格，拖曳单元格右下角的自动填充柄，将公式复制给其他城市的增长率单元格（即 H4：H9 区域）。

（3）选中第一个城市的差额单元格（即 J3 单元格），在编辑栏中输入公式"=I3-G3"，按回车键，选取 J3 单元格，拖曳单元格右下角的自动填充柄，将公式复制给其他城市的差额单元格（即 J4：J9 区域）。

（4）选中所有城市五年房价数据单元格（即 C3：G9 区域），在表格左上方的名称框中输入区域名：data（也可取其他名字），按回车键确认。

（5）选中存放结果的单元格（比如 B10 单元格），单击编辑栏前面的"插入函数"按钮 f_x，在打开的"插入函数"对话框中选择求最大值的"MAX"函数，打开"函数参数"对话框，在"Number1"后的输入框输入刚才定义的区域名：data，单击【确定】按钮确定即可。

（6）选中存放结果的单元格（比如 H10 单元格），单击编辑栏前面的"插入函数"按钮 f_x，在打开的"插入函数"对话框"或选择类别"后的下拉列表中选择"全部"，在下方"选择函数"列表中选择"COUNTIF"函数，单击【确定】按钮后弹出"函数参数"对话框，如图 4-55 所示，在"Range"输入框输入计算范围，这里我们通过鼠标拖动选中"增长率"列的所有数据（即 H3：H9 单元格），在"Criteria"输入框，输入参加计数的条件：>1。

注意：公式中输入的数字和符号一定要在英文输入法半角状态下输入），按【确定】按钮确定即可。

图 4-55　COUNTIF 函数的函数参数对话框

4.3.3　if 函数的应用及条件格式的设置

任务 3：看看哪些城市生活比较轻松

学习目标：掌握 if 函数的应用；掌握条件格式

要求：根据"差额"判断各城市居民的生活状态，大于 0 的为"佳"，小于等于 0 的为"不佳"；将差额超过 5000 的城市的所有数据用红色、加粗显示。

具体操作步骤如下：

（1）选中第一个城市的生活状况单元格（即 K3 单元格），单击编辑栏前面的"插入函数"按钮 *fx*，在打开的"插入函数"对话框中选择"IF"函数，单击【确定】按钮后弹出"函数参数"对话框，如图 4-56 所示，在该对话框第一个输入框输入判断条件（即 J3>0）；第二个输入框输入条件成立时的显示内容："佳"；第三个输入框输入条件不成立时的显示内容："不佳"，单击【确定】按钮确定。

（2）拖曳填充柄，将函数赋给其他城市的生活状况单元格。

（3）选择第一个城市的所有数据单元格（即 A3：K3 区域），选择"开始"→"样式"→"条件格式"→"突出显示单元格规则"→"其他规则"，弹出"新建格式规则"对话框，如图 4-57 所示，选择规则类型为："使用公式确定要设置格式的单元格"，并在下方的输入框中输入公式："=$J3>5000"。

注意：当输入公式时，选 J3 单元格后，它是以绝对引用的形式出现在公式中即"J3"，因为设好的条件格式将来会赋给其他行，所以行号 3 前的"$"要去掉。单击【格式】按钮，在打开的"设置单元格格式"窗口中设置字体格式为"加粗、红色"，单击【确定】按钮确定。

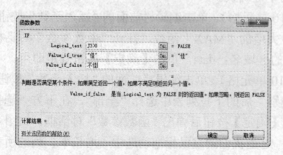

图 4-56　IF 函数的函数参数对话框

图 4-57　"新建格式规则"对话框

（4）单击"开始"选项卡"剪贴板"选项组中的"格式刷"按钮 格式刷，并拖动格式刷至 A4：K9 区域，将 A3：K3 区域的条件格式复制到 A4：K9 区域。

4.3.4　表格格式设置

任务 4：表格格式设置

学习目标：掌握标题、边框线、及数值显示格式的设置

要求：为标题设置相应的字体，字号，居中显示，并加任意颜色底纹；为表格添加外粗内双线的边框线；将所有与货币有关的数据设为带"￥"符号，不保留小数位；所有数据在单元格内居中。为使下面操作方便，将该表格内容复制到其他几个工作表。

具体操作步骤如下：

（1）选中 A1 单元格，通过"开始"选项卡"字体"选项组设置标题格式及居中。

（2）选择整个列表（A1：K9 区域），右击，在快捷菜单中选择"设置单元格格式"命令，打开"设置单元格格式"对话框，选择"边框"选项卡，先选择"线条样式"为粗线，单击【外边框】按钮，再选择"线条样式"为双线，单击【内部】按钮，单击【确定】按钮确定即可。

（3）选择所有与货币有关的数据单元格，右击鼠标，在快捷菜单中选择"设置单元格格式"命令，打开"设置单元格格式"对话框，选择"数字"选项卡，在左侧"分类"中选择"货币"，在右边的"货币符号"下拉选框中选择"￥"符号，"小数位数"设为"0"，单击【确定】按钮确定，拖动列号边缘，调整列宽，使数据能够正常显示，或选择有"#"的列（因列宽不够，所以以"#####"形式显示），通过"开始"选项卡中"单元格"选项组"格式"下拉列表中的"自动调整列宽"命令，使其正常显示。

（4）选择 A2：K9 区域，通过"开始"选项卡"对齐方式"选项组中的"居中"按钮，使所有数据在单元格内居中。

（5）为了下面的操作，我们要新建两个工作表，并将该表格内容复制到其他几个工作表。

新建工作表：

右击表标签"Sheet3"在弹出的快捷菜单中选择"插入"命令，在"插入"对话框中选"工作表"，单击【确定】按钮确定，插入工作表"Sheet1"，通过拖动表标签的方法，将"Sheet1"工作表拖动到"Sheet2"工作表前面，使用同样的方法，新建工作表"Sheet4"，将其拖到最后。

复制表格内容：

选择整个列表（A1：K9 区域），右击鼠标，在快捷菜单中选择"复制"命令，先选中"Sheet1"工作表，再按住【Shift】键单击表标签"Sheet4"，选取 Sheet1～Sheet4 工作组，将插入点定位在"Sheet1"工作表的 A1 单元格，单击"开始"选项卡"剪贴板"选项组中的"粘贴"按钮，完成向工作组所有表格的数据复制。选中"房价"工作表，解除对 Sheet1～Sheet4 工作组的选中状态。

4.3.5　数据的排序

任务 5：看看各城市房价增长速度排名

学习目标：掌握排序；批注的添加、复制及修改

要求：按照房价增长率递减的顺序对各城市进行排序，为增长率最高的城市添加批注"增

长最快"，为增长率最低的城市添加批注"增长最慢"，作者都为你的姓名。

具体操作步骤如下：

（1）选中"Sheet1"工作表，选择所有字段名及字段内容（即 A2：K9 区域），在"开始"选项卡的"编辑"选项组单击"排序和筛选"下拉列表中的"自定义排序"命令，在"排序"对话框设置"主要关键字"为"增长率"，排序依据为"数值"，次序为"降序"。

城市	张三：	2007年
深圳	增长最快	¥14,223
北京		¥11,454
上海		¥11,141
杭州		¥11,700
重庆	二线城市 ¥2,679	¥3,123

图 4-58　输入批注内容

（2）选中排序后的第一个城市名称单元格（即 A3 单元格），右击鼠标，在弹出的快捷菜单中选择"插入批注"命令，在批注文本框内按要求修改作者和输入批注内容，如图 4-58 所示。

（3）选中已添加批注的单元格，右击鼠标，在快捷菜单中选择"复制"命令，再选中排序后的最后一个城市名称单元格（即 A9 单元格），右击鼠标，在快捷菜单中选择"选择性粘贴"下拉列表最下方的"选择性粘贴"命令，在打开的窗口中选择"批注"，单击【确定】按钮确定。

（4）右击刚才的目标单元格（即 A9 单元格），在快捷菜单中选择"编辑批注"命令，修改批注内容。

4.3.6　数据的筛选

任务 6：看看哪些城市今年的房屋均价超过了 20000 元/平方米，但人均年收入还不足 20000 元

学习目标：掌握筛选

要求：筛选 2010 年房价大于 20000 元/平方米，人均年收入小于 20000 元的城市。

具体操作步骤如下：

（1）选中"Sheet2"工作表，将光标停在第二行（即字段名所在的行）的任意单元格，选择"开始"选项卡"编辑"选项组"排序和筛选"下拉列表中的"筛选"命令，单击字段名"2010 年"右侧的下拉箭头，在下拉列表中选择"数字筛选"中的"大于"，在弹出的对话框中设置大于"20000"。

（2）单击字段名"人均年收入"右侧的下拉箭头，在下拉列表中选择"数字筛选"中的"小于"，在弹出的对话框中设置小于"20000"。

4.3.7　图表的制作

任务 7：比较上海和深圳 2006～2010 年的房价走势

学习目标：掌握图表的创建和编辑

要求：利用上海和深圳这五年的房价数据，制作折线图。

具体操作步骤如下：

（1）选中"Sheet3"工作表，制作图表首先要选择生成该图表所利用的数据，该例中为上海和深圳五年的房价数据，所以我们要选择"上海"、"深圳"及两个城市五年的房价单元格，所用到字段的字段名单元格也要选中，当要选择多个不连续的区域时，按【Ctrl】键进行多选。选中 A2，C2：G2，A4，C4：G4，A6，C6：G6 区域后，通过"插入"选项卡"图表"选项组中"折线图"下拉列表，选择"带数据标记的折线图"按钮插入图表，如图 4-59 所示。

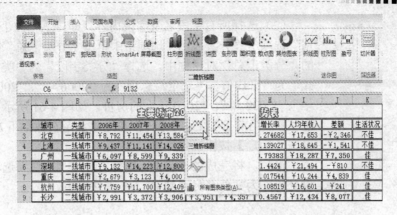

图 4-59　插入带数据标记的折线图

（2）选中刚建好的图表，拖动到合适位置，通过拖动图表四周的控制点，调节图表到适当大小。

（3）选中图表，选择"图表工具/布局"选项卡中的"标签"选项组，单击"图表标题"下拉列表中的"图表上方"，添加图表标题："上海、深圳 2006～2010 年房价走势图"。

如果选择"坐标轴标题"下拉列表，还可以分别设置横坐标轴标题（如：年份）及纵坐标轴标题（如：房价）。

在"图表工具/布局"选项卡"标签"选项组中选择"图例"下拉列表中的"在底部显示图例"选项，图例便显示在了图表区的底部。

选择"图表工具/布局"选项卡"标签"选项组"数据标签"下拉列表中的"其他数据标签选项"，在弹出的"设置数据标签格式"对话框"标签选项"选项卡中选择要显示的标签："值"，以及标签的位置："靠上"，如图 4-60 所示，单击【关闭】按钮确认并关闭窗口。

图 4-60　"设置数据标签格式"对话框

4.3.8　数据的分类汇总

任务 8：比较一线城市及二线城市的房价

学习目标：掌握分类汇总

要求：按照城市类型汇总每年房价的平均值

具体操作步骤如下：

（1）在做分类汇总前，必须按关键字进行排序。这里，我们选中"Sheet4"工作表，按照任务 5 中排序的操作步骤，按城市"类型"为关键字进行排序。

图 4-61　"分类汇总"对话框

（2）选择所有字段名及字段内容（即 A2：K9 区域），在"数据"选项卡"分级显示"选项组中单击"分类汇总"按钮，在弹出的"分类汇总"对话框中，选择"分类字段"为"类型"，"汇总方式"为"平均值"，"选定汇总项"为"2006 年"、"2007 年"、"2008 年"、"2009 年"、"2010 年"的房价，如图 4-61 所示，下方默认勾选"替换当前分类汇总"和"汇总结果显示在数据下方"选项不变，单击【确定】按钮确定。

最后，将完成的 Excel 工作簿，通过"文件"选项卡，以"房价分析"为文件名另存到 D：\sx 文件夹中。

4.4　项目二：就业情况分析

项目要求：用 2010 年各专业大学生就业率及月收入数据分析各专业的就业情况。

任务 1：搜集数据

提示：通过网络搜索 2010 年各专业（包括你的所学专业）大学生就业率及月收入数据，形成表格（如果来不及搜集数据，也可直接利用 Excel 素材文件夹下的"素材 2.xlsx"文件），并将 Sheet1 中的表格复制到后面两个工作表中备用。

4.4.1　双重排序及分类汇总

任务 2：看看现在哪类专业最吃香

学习目标：掌握双重排序及分类汇总

要求：按"文理科"及"专业大类"分类汇总"就业率"及"月均收入"的平均值。

具体操作步骤如下：

（1）分类汇总前，必须按照大分类为主要关键字，小分类为次要关键字进行排序，即将数据表按"文理科"及"专业大类"为关键字进行双重排序：在 Sheet1 中选中各专业所有数据，在"开始"选项卡的"编辑"选项组单击"排序和筛选"下拉列表中的"自定义排序"命令，打开"排序"对话框，在该对话框设置"主要关键字"为"文理科"，"排序依据"为"数值"，"次序"为"升序"，按"添加条件"按钮，出现"次要关键字"栏，设置"次要关键字"为"专业大类"，单击【确定】按钮确定。

（2）先做大分类汇总：选中各专业所有数据，在"数据"选项卡"分级显示"选项组中单击"分类汇总"按钮，在弹出的"分类汇总"对话框中，选择"分类字段"为"文理科"，"汇总方式"为"平均值"，"选定汇总项"为"就业率"及"月均收入"，下方默认勾选的"替换当前分类汇总"和"汇总结果显示在数据下方"选项不变，单击【确定】按钮确定。

（3）再做小分类汇总：在"分类汇总"对话框中，除设置"分类字段"为"专业大类"外，操作基本与上一步骤相同，但取消对"替换当前分类汇总"复选框的勾选。

4.4.2　数据透视表

任务 3：看看哪类专业容易找到收入较好的工作

学习目标：掌握数据透视表

要求：生成数据透视表，按"收入水平"及"专业大类"统计"就业率"的平均值。

具体操作步骤如下：

（1）在 Sheet2 工作表中按照基础项目实训项目一中任务 3 的步骤，利用 IF 函数判断"收入水平"，大于 2500 的为"较高"，小于等于 2500 的为"较低"。

（2）如果生成数据透视表的数据源是数据表中所有数据，可将光标停留在数据表中任意单元格，选择"插入"选项卡"表格"选项组中"数据透视表"下拉列表中的"数据透视表"，弹出"创建数据透视表"对话框，在"选择放置数据透视表的位置"下，选择"现有工作表"选项，并单击数据透视表放置的起始位置单元格，如 A20 单元格，确定数据透视表的位置，单击【确定】按钮确定后，在 A20 单元格起始的位置处出现数据透视表占位符，在右侧出现"数据透视表字段列表"任务窗格。在该任务窗格，将"收入水平"字段拖曳到"行标签"框，将"专业大类"字段拖曳到"列标签"框，将"就业率"拖曳到"数值"框。

单击"数值"框中"求和项：就业率"下拉列表中的"值字段设置"，在打开的"值字段设置"对话框中"计算类型"选择"平均值"，并在"自定义名称"框中将显示的内容改为"平均就业率"。

选中已生成的数据透视表中的数据，右击鼠标，在弹出的快捷菜单中选择"数字格式"命令，将小数位数设为 2。

4.4.3　隐藏数据在公式函数中的处理

任务 4：看看你所学的专业月均收入有没有达到其他专业的平均值

学习目标：掌握公式和函数的使用中隐藏行不参加运算的情况

要求：隐藏你所学的专业的数据，计算除你所学专业外其他专业月均收入的平均值，取消隐藏，将你所学专业月均收入和这一数据比较。

具体操作步骤如下：

（1）在 Sheet3 中，鼠标右击你的专业所在行（如：第 16 行）左边的行号，在快捷菜单中选择"隐藏"命令，隐藏你所学专业的数据。

（2）选中"月均收入"列下面的空白单元格 E19，单击编辑栏前面的"插入函数"按钮 f_x，在打开的"插入函数"对话框中选择"AVERAGE"函数，单击【确定】按钮后弹出"函数参数"对话框，在该对话框第一个输入框中出现系统默认的计算范围 E2：E18，因为我们计算的平均值不包括自己所学的专业，所以要重新选定，通过鼠标拖动在 Sheet3 中选择 E2：E15 区域，这时第一个输入框中出现 E2：E15，用英文输入法输入逗号，以连接下一个区域，再通过鼠标拖动选择 E17：E18 区域，空出隐藏行中的 E16 单元格，如图 4-62 所示，单击【确定】按钮确定。

图 4-62　隐藏行不参加运算

（3）通过鼠标拖动选择隐藏行上下两行行号（即 15、17 行行号），右击鼠标，在快捷菜单中选择"取消隐藏"命令，比较你所学专业月均收入和刚才计算出的其他专业月均收入的平均值。

最后，将完成的 Excel 工作簿，通过"文件"选项卡，以"就业率"为文件名另存到 D：

\sx 文件夹中。（样张见 Excel 样张文件夹）

4.5　课后上机习题

题目一： 打开 Excel 素材文件夹下"课后练习素材.xlsx"文件，以样张为准，对 Sheet1 中的表格按以下要求操作：

（1）按题目一样张，如图 4-63 所示。计算总分、平均分和单科成绩的最高分

注意： 必须用公式对表格中的数据进行运算和统计，平均分保留两位小数。

（2）按题目一样张，统计录取否，统计规则如下：考生只要有一门成绩不及格就不录取，否则就录取。

注意： 必须用公式对表格中的数据进行运算和统计。如图 4-64 所示。

（3）按题目一样张，在 J1：Q15 区域中生成图表，图表中所有文字大小均为 10 磅，图表边框为圆角、外部右下斜偏移阴影。

（4）将结果以"作业 1"为文件名保存到 D：\sx 文件夹中。

【题目一样张】（见 Excel 样张文件夹）

图 4-63　题目一样张

题目二： 打开 Excel 素材文件夹下"课后练习素材.xlsx"文件，以样张为准，对 Sheet2 中的表格按以下要求操作：

（1）按题目二样张，统计不及格的人数。如图 4-65 所示。

注意： 必须用公式对表格中的数据进行运算和统计。

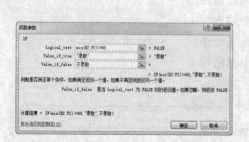

图 4-64　用 if 函数判断是否录取

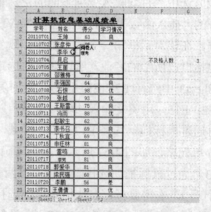

图 4-65　题目二样张

（2）按题目二样张，统计学习情况，统计规则如下：得分>=85，则为"优"；60=<得分<85，则为"良"；得分<60，则为"差"

注意：必须用公式对表格中的数据进行运算和统计。

（3）按题目二样张，设置表格标题为：隶书、18 磅、粗体、加双下划线、合并及居中、加黄色底纹，并格式化表格的边框线和数值显示，并将 B3 单元格中的批注移动到 B5 单元格中。

（4）将结果以“作业 2”为文件名保存到 D：\sx 文件夹中。

题目三：打开 Excel 素材文件夹下“课后练习素材.xlsx”文件，以样张为准，对 Sheet3 中的表格按以下要求操作：

（1）按题目三样张，计算工资合计（基本工资+奖金）、平均和人数（必须用公式对表格进行计算）。如图 4-66 所示。

（2）按题目三样张，在 A26 开始的单元格中生成数据透视表，按职称、性别统计基本工资（平均值）和奖金（求和）。

（3）按题目三样张，按系部和职称分类汇总工资合计的平均值。

（4）将结果以“作业 3”为文件名保存到 D：\sx 文件夹中。

【题目三样张】（见 Excel 样张文件夹）

	A	B	C	D	E	F	G
25	通信系	柳峰	男	教授	1790	6100	7890
26				教授 平均值			7890
27	通信系	王宝	男	助教	780	1230	2010
28				助教 平均值			2010
29	通信系 平均值						4490
30	外语系	祝映泰	男	讲师	1380	2450	3830
31	外语系	蔡峰峰	男	讲师	1200	4560	5760
32				讲师 平均值			4795
33	外语系	梁翠	女	教授	1950	2340	4290
34				教授 平均值			4290
35	外语系	李思恩	男	助教	950	3400	4350
36	外语系	张秋严	男	助教	980	2450	3430
37				助教 平均值			3890
38	外语系 平均值						4332
39	总计平均值						4510.5
40	平均				1379	3132	4525
41	人数	20					
42							
43		列标签					
44		男		女			
45	行标签	平均基本工资(元)	求和奖金（元）	平均基本工资(元)	求和奖金（元）		
46	讲师	1360	16730	1360	7580		
47	教授	1828	20200	1950	2340		
48	助教	903	7080	967	8700		
49							

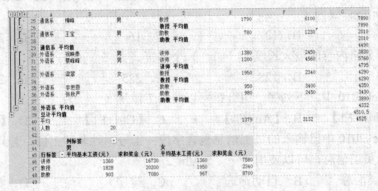

图 4-66 题目三样张

题目四：打开 Excel 素材文件夹下“课后练习素材.xlsx”文件，以样张为准，对 Sheet4 中的表格按以下要求操作：

（1）按题目四样张，设置表格标题，为隶书、28 磅、粗体，在 A1：G1 区域中跨列居中，行高为 50 磅，深红色底纹，格式化表格的边框线和数值显示。

（2）按题目四样张，隐藏“吉林”行，计算销售总额、利润=（销售总额*利润率）及合计，隐藏行不参加运算。如图 4-67 所示。

注意：必须用公式对表格中的数据进行运算和统计。

（3）按题目四样张，对表格套用“表样式中等深浅 10”的表格格式，并用条件格式将四个季度中销售额高于 2500 的数据设置成红色、加粗。

（4）将结果以“作业 4”为文件名保存到 D：\sx 文件夹中。

【题目四样张】（见 Excel 样张文件夹）

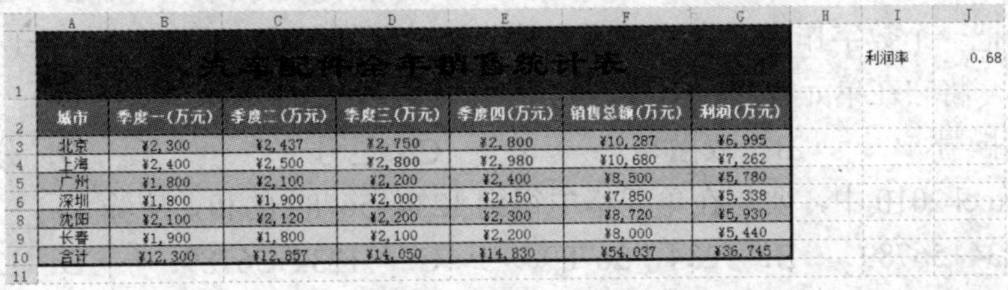

	A	B	C	D	E	F	G	H	I	J
1	[illegible]								利润率	0.68
2	城市	季度一(万元)	季度二(万元)	季度三(万元)	季度四(万元)	销售总额(万元)	利润(万元)			
3	北京	¥2,300	¥2,437	¥2,750	¥2,800	¥10,287	¥6,995			
4	上海	¥2,400	¥2,500	¥2,800	¥2,980	¥10,680	¥7,262			
5	广州	¥1,800	¥2,100	¥2,200	¥2,400	¥8,500	¥5,780			
6	深圳	¥1,800	¥1,900	¥2,000	¥2,150	¥7,850	¥5,338			
8	沈阳	¥2,100	¥2,120	¥2,200	¥2,300	¥8,720	¥5,930			
9	长春	¥1,900	¥1,800	¥2,100	¥2,200	¥8,000	¥5,440			
10	合计	¥12,300	¥12,857	¥14,050	¥14,830	¥54,037	¥36,745			
11										

图 4-67 题目四样张

4.6 课后练习与指导

一、选择题

1. 在 Excel 2010 中，当需要在同一个单元格中另起一行输入数据时，只需按（   ）组合键。

　　A.【Alt+Enter】　　B.【Shift+Enter】　　C.【Ctrl+Enter】　　D.【Tab+Enter】

2. 在 Excel 2010 中指定 A3 至 E6 单元格区域的表示形式是（   ）。

　　A. A3，E6　　B. A3：E6　　C. A3&E6　　D. A3；E6

3. 若在数值单元格中出现一连串的"####"符号，希望正常显示则需要（   ）。

　　A. 重新输入数据　　　　　　　　B. 调整单元格的宽度

　　C. 删除这些"######"　　　　　D. 删除该单元格

4. 在 Excel 2010 操作中，某公式中引用了一组单元格，它们是（C3：D7，A1：F1），该公式引用的单元格总数为（   ）。

　　A. 4　　　　B. 12　　　　C. 16　　　　D. 22

5. 一个单元格内容的最大长度为（   ）个字符。

　　A. 64　　　　B. 128　　　　C. 225　　　　D. 256

6. 在 Excel 2010 中，下列哪一组合键可以关闭工作簿（   ）。

　　A.【Shift+F1】　　B.【Alt+F4】　　C.【Ctrl+F1】　　D.【Tab+F4】

7. 在 Excel 2010 中已输入的员工信息包含字段：工号、姓名和工资，若只希望显示工资最高的前 10 名员工信息，可以使用（   ）功能。

　　A. 分类汇总　　B. 自动筛选　　C. 排序　　D. 数据透视表

8. 在 Excel 的常规显示格式下，用下列哪一表达式，可以使单元格显示为 0.5（   ）。

　　A. 3/6　　B. =3/6　　C. "3/6"　　D. = "3/6"

9. 在 Excel 2010 中，给当前单元格输入数值型数据时，默认为（   ）。

　　A. 居中　　B. 左对齐　　C. 右对齐　　D. 随即对齐

10. 在 Excel 2010 中，某一工作簿中有 Sheet1、Sheet2、Sheet3、Sheet4 共 4 个工作表，现在需要在 Sheet1 表中某一单元格中输入从 Sheet2 表的 B2 至 D2 各单元格中的数值之和，正确公式的写法是（   ）。

　　A. =SUM（Sheet2!B2+C2+D2）　　　　B. =SUM（Sheet2.B2：D2）

　　C. =SUM（Sheet2/B2：D2）　　　　　D. =SUM（Sheet2!B2：D2）

11. 在 Excel 2010 中，对于上下相邻两个含有数值的单元格用拖动法向下做自动填充，默认的填充规则是（   ）。

　　A. 等比序列　　B. 等差序列　　C. 自定义序列　　D. 日期序列

12. 若要把一个数字作为文本，只需在输入时前面加一个（   ），Excel 就会把该数字作为文本处理，将它在单元格内左对齐。

　　A. 单撇号　　B. 双撇号　　C. 逗号　　D. 分号

13. 在 Excel 2010 中，要想在单元格中得到 1234+56789 的和，应输入（   ）。

　　A. 1234+56789　　B. 1234，56789　　C. =1234+56789　　D. 123456789

14. 在 Excel 2010 中，采用下列哪一公式或函数不能对 A1 至 A4 单元格内的四个数字求平均值（　　）。

    A．AVERAGE（A1：A4）　　　　　　B．SUM（A1：A4）/4

    C．（A1+A2+A3+A4）/4　　　　　　D．（A1+A2：A4）/4

  15．在 Excel 2010 中，如果要在多个单元格中输入相同的数据，可以先选择这些单元格，再在活动单元格中输入数据，然后按（　　）组合键即可。

    A．【Alt+Enter】　　　　　　　　　B．【Shift+Enter】

    C．【Ctrl+Enter】　　　　　　　　　D．【Tab+Enter】

二、填空题

  1．在 Excel 2010 中，将第 3 行隐藏后，如果要计算 A1 到 A8 的和且隐藏行不参加运算，用函数应该表示为_____。

  2．每个存储单元有一个地址，由_____和_____组成，如 A3 表示第_____列第_____行的单元格。

  3．在 Excel 2010 中对单元格的引用有_____、_____和混合引用。

  4．在 Excel 2010 中，工作簿文件的扩展名是_____。

  5．如果要将 B4、C4、D4 单元格内的值求平均值，并将结果存入 E6 单元格，则单击单元格 E6，在编辑栏中输入函数_____。

  6．系统默认一个工作簿有_____个工作表。

  7．新建一个名为 Book2.xlsx 的工作簿，其默认的第一个工作表名称为_____。

  8．要查看公式的内容，可单击单元格，在_____内出现该单元格的公式。

  9．单元格 C2=A2+B2，将公式复制到 D3 单元格时，单元格 D3 的公式为_____。

  10．公式被复制后，参数的地址不发生变化，这叫做_____。

第 5 章

演示文稿软件 PowerPoint 2010

演示文稿是由一组内容互相独立又相互联系的幻灯片组成的文件，是为专家报告、教师授课演示、广告宣传等应用而服务的。演示文稿可以通过计算机屏幕或投影机播放。

PowerPoint 是一种最常用的课件制作软件，它可以将文本、图像、图形、声音、动画、视频等多种要素集中于一体，同时又具备链接外部文件的功能，形成具有一定实用价值的交互性演示文稿。其制作简单，易学易用，是最实用的课件制作工具。

本节以 PowerPoint 2010 为学习平台，学习制作演示文稿的基本操作、幻灯片的对象应用、幻灯片的风格设计及动画效果、幻灯片的放映设置和发布演示等。

▌本章导读

▶ 认识 PowerPoint 2010 的工作界面
▶ 掌握在幻灯片中设置字体和版式的方法
▶ 掌握在幻灯片中插入对象的方法
▶ 了解幻灯片放映的各种技巧
▶ 了解打印幻灯片的方法

PowerPoint 2010 是微软公司出品的 Office 2010 办公软件系列重要组件之一。 使用 Microsoft PowerPoint 2010，可以使用更多的方式创建动态演示文稿。此外，PowerPoint 2010 可使您与其他人员同时工作或联机发布演示文稿并使用 Web 或 Smartphone 访问它。

5.1 了解 PowerPoint 2010 的工作界面

PowerPoint 2010 的工作界面由"快速访问"工具栏、标题栏、"文件"选项卡、"功能"选项卡和功能区、"大纲／幻灯片"窗口、"幻灯片编辑"窗口、状态栏和视图栏等部分组成，如图 5-1 所示。

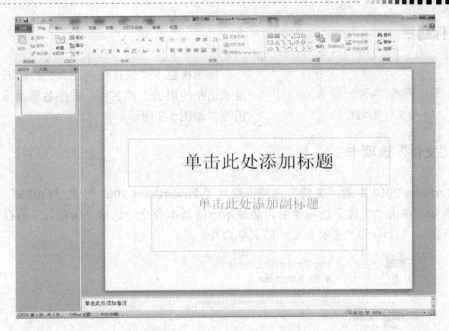

图 5-1　PowerPoint 2010 工作界面

5.1.1　"快速访问"工具栏

"快速访问工具栏"位于标题栏左侧，它包含了一些 PowerPoint 2010 最常用的工具按钮，如【保存】按钮、【撤销】按钮 和【恢复】按钮 等。

单击快速访问栏右侧的下拉按钮，在弹出的菜单中可以自定义快速访问工具栏中的命令，如图 5-2 所示。

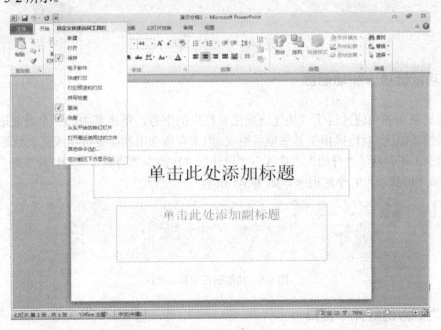

图 5-2　快速访问工具栏

5.1.2 标题栏

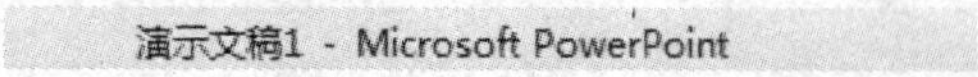

演示文稿1 - Microsoft PowerPoint

图5-3 标题栏

标题栏位于"快速访问工具栏"的右侧，主要显示正在使用的文档名称、程序名称及窗口控制按钮等，如图5-3所示。

5.1.3 "文件"选项卡

PowerPoint 2010 中的"文件"选项卡取代了 PowerPoint 2007 中的"Office"按钮，如图 5-4 所示。单击"文件"选项卡后，会显示一些基本命令，包括"保存"、"另存为"、"打开"、"新建"、"打印"、"选项"及一些其他命令。

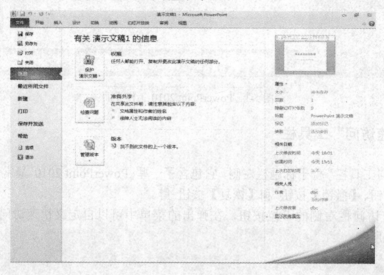

图5-4 "文件"选项卡

5.1.4 功能选项卡和功能区

功能选项卡和功能区位于"快速访问工具栏"的下方，单击其中的一个功能选项卡，可打开相应的功能区。功能区由工具选项组组成，用来存放常用的命令按钮或列表框等。除了"文件"选项卡，还包括了"开始"、"插入"、"设计"、"转换"、"动画"、"幻灯片放映"、"审阅"、"视图"和"加载项"9 个选项卡，如图5-5所示。

图5-5 功能选项卡和功能区

5.1.5 "大纲/幻灯片"窗口

"大纲/幻灯片"窗口位于"幻灯片编辑"窗口的左侧，用于显示当前演示文稿的幻灯片数量及位置，包括"大纲"和"幻灯片"两个选项卡，单击选项卡的名称可以在不同的选项卡之间切换。

如果仅希望在编辑窗口中观看当前幻灯片，可以将"大纲／幻灯片"窗口暂时关闭。在编辑中，通常需要将"大纲/幻灯片"窗口显示出来。单击"视图"选项卡"演示文稿视图"选项组中的【普通视图】按钮，即可恢复"大纲／幻灯片"窗口，如图 5-6 所示。

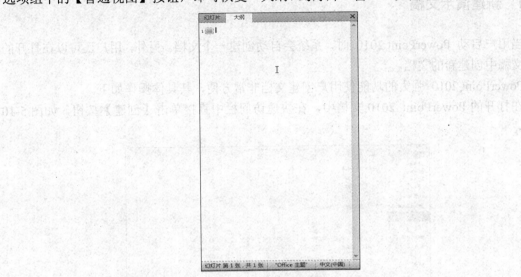

图 5-6　"大纲/幻灯片"窗口

5.1.6　"幻灯片编辑"窗口

"幻灯片编辑"窗口位于工作界面的中间，用于显示和编辑当前的幻灯片，如图 5-7 所示。

图 5-7　"幻灯片编辑"窗口

5.1.7　状态栏

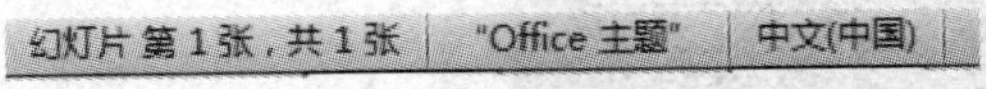

状态栏位于当前窗口的最下方，用于显示当前文档页、总页数、字数和输入法状态等，如图 5-8 所示。

图 5-8　状态栏

5.1.8　视图栏

视图栏包括视图按钮组、显示比例和调节页面显示比例的控制杆。单击视图按钮组的按钮，可以在各种视图之间进行切换，如图 5-9 所示。

图 5-9　视图栏

5.2　PowerPoint 2010 功能介绍

5.2.1　新建演示文稿

当用户启动 PowerPoint 2010 时，系统会自动创建一个文档。另外，用户还可以在打开的演示文稿中创建新的文档。

PowerPoint 2010 强大的功能使用户创建文档非常方便，其具体操作如下。

在打开的 PowerPoint 2010 文档中，在快速访问栏中直接单击【创建】按钮，如图 5-10 所示。

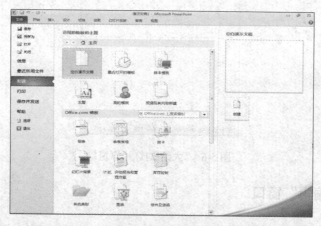

图 5-10　新建幻灯片

另外，利用 PowerPoint 2010 还可以使用模板创建演示文档。单击"文件"选项卡，在弹出的下拉菜单中选择"新建"选项，在"可用模板和主题"列表中单击任意一种模板后，单击【创建】按钮，即可创建模板文档，如图 5-11 所示即为其中一种模板文档。

图 5-11　"古典型相册"模板文档

5.2.2　添加新幻灯片

在创建好的演示文档中，添加新幻灯片的具体操作步骤如下。

（1）启动 PowerPoint 2010 应用软件，打开 PowerPoint 2010 的操作界面后，单击"开始"选项卡"幻灯片"选项组中的"新建幻灯片"按钮，在弹出的列表中选择"标题幻灯片"选项，如图 5-12 所示。

（2）新建的幻灯片即显示在左侧的"幻灯片"窗格中。选择"幻灯片"窗格中的幻灯片，用鼠标右键单击，在弹出的快捷菜单中选择"新建幻灯片"菜单命令，如图 5-13 所示。

图 5-12　"标题幻灯片"

图 5-13　"新建幻灯片"命令

（3）新建的幻灯片即显示在左侧的"幻灯片"窗格中，如图 5-14 所示。

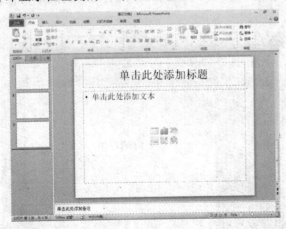

图 5-14　新建幻灯片

5.2.3　输入和编辑内容

编辑演示文稿时，一般要求内容简洁，重点突出。所以在编辑 PowerPoint 时，可以将文字以多种灵活的方式添加至幻灯片中。

输入内容：在普通视图中，幻灯片中会出现"单击此处添加标题"或"单击此处添加副标题"等提示文本框，这种文本框统称为"文本占位符"。

在文本占位符中可以直接输入标题、文本等内容，除此之外，还可以利用文本框，输入文本、符号及公式等，如图 5-15 所示。

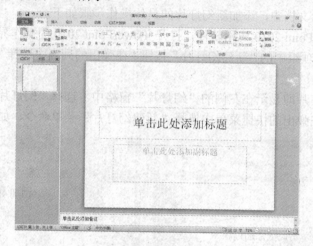

图 5-15　文本占位符

在 PowerPoint 2010 中，输入文本的方法如下：

1. 在"文本占位符"中输入文本

在"文本占位符"中输入文本非常简单，在"文本占位符"上单击即可输入文本。同时，输入的文本会自动替换"文本占位符"中的提示性文字。它是 PowerPoint 2010 最基本、最方便的一种输入方式。如在"单击此处添加标题"的文本占位符中输入"海纳百川"，结果如图 5-16 所示。

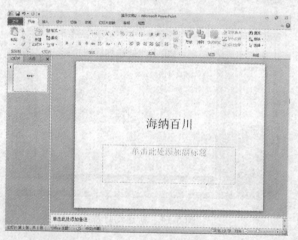

图 5-16　在"文本占位符"中输入文本

2. 在"大纲"窗口中输入文本

在"大纲"窗口中也可以直接输入文本，并且可以浏览所有幻灯片的内容。选择"大纲"选项卡中的幻灯片图标后面的文字，直接输入新文本"计算机应用基础"，原文本占位符处的文字将被替换。替换后的效果图如图 5-17 所示。

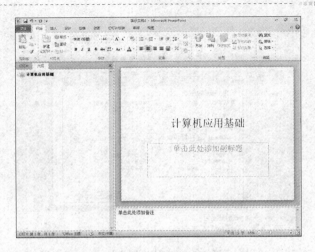

图 5-17　在"大纲"窗口中输入文本

3．在文本框中输入文本

幻灯片中"文本占位符"的位置是固定的，如果想在幻灯片的其他位置输入文本，可以首先绘制一个文本框，然后在文本框中输入文本，如图 5-18 和图 5-19 所示。

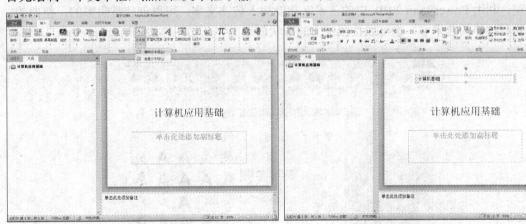

图 5-18　选择插入横排文本框命令　　　　图 5-19　在新建的文本框中输入文字

5.2.4　设置字体格式

在文稿中输入文本后，可以设置喜欢的字体格式。可以通过以下两种方法更改字体格式。

方法一：选择要设置的文字后，在"开始"选项卡的"字体"选项组中设定文字的字体、大小、样式、颜色等，如图 5-20 所示。

方法二：单击"字体"选项组右下角的小斜箭头，打开"字体"对话框，从中对文字进行设置，如图 5-21 所示。

图 5-20　字体设置方法

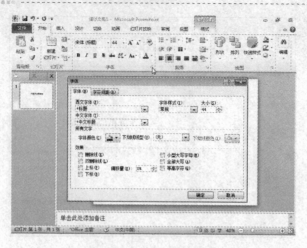

图 5-21　字体设置方法二

5.2.5　插入艺术字

在演示文稿中，适当地更改文字的外观，为文字添加艺术字效果，可以使文字看起来更加美观。利用 PowerPoint 2010 中的艺术字功能插入装饰文字，可以创建带阴影的、扭曲的、旋转的和拉伸的艺术字，也可以按预定义的形状创建文字，如图 5-22 所示。

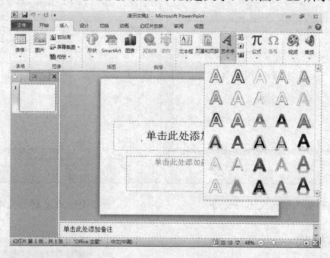

图 5-22　字体设置方法二

5.2.6　设置艺术字

插入的艺术字仅仅具有一些美化的效果，如果要设置更艺术的字体，则需要设置艺术字。单击【文字效果】按钮后，弹出的列表中各项含义如下。

（1）"阴影"：阴影中有无阴影、外部、内部和透视等几种类型。选择"阴影选项"复选框，则可对阴影进行更多的设置。

（2）"映像"：映像中有无映像和映像变体两种类型。

（3）"发光"：发光中有无发光和发光变体两种类型，选择"其他亮色"选项，可以对发光的艺术字进行更多颜色的设置。

（4）"棱台"：棱台中有无棱台效果和棱台两种类型，选择"三维选项"选项，可以对艺术字的棱台进行更多的设置。

（5）"三维旋转"：三维旋转中有无旋转、平行、透视和倾斜等几种类型，选择"三维旋转选项"选项，可以对艺术字的三维旋转进行更多的设置。

（6）"转换"：转换中有无转换、跟随路径和弯曲等几种类型。

5.2.7　设置幻灯片的版式

幻灯片版式包含要在幻灯片上显示的全部内容的格式设置、位置和占位符。PowerPoint 2010 中包含标题幻灯片、标题和内容、节标题等 11 种内置幻灯片版式，如图 5-23 所示。

图 5-23　设置版式

5.2.8　设置幻灯片的主题

为了使当前的演示文稿整体搭配比较合理，用户除了需要对演示文稿的整体框架进行搭配外，还需要对演示文稿进行颜色、字体和效果等设置。PowerPoint 2010 自带的主题样式比较多，用户可以根据当前的需要选择其中的任意一种。使用 PowerPoint 2010 自带的模板设置主题的具体操作步骤如下。

首先选择需要设置主题颜色的幻灯片，单击"设计"选项卡"主题"选项组右侧的下拉按钮，在打开的"主题"列表中可以选择更多的主题效果样式。所选择的主题模板将会直接应用于当前幻灯片，如图 5-24 所示。

图 5-24　幻灯片主题设置

5.2.9 设计幻灯片的母版

幻灯片母版与幻灯片模板相似，使用幻灯片母版最重要的优点是在幻灯片母版、备注母版或讲义母版上，均可以对与演示文稿关联的每个幻灯片、备注页或讲义的样式进行全局修改。

使用幻灯片母版，可以为幻灯片添加标题、文本、背景图片、颜色主题、动画，修改页眉页脚等，快速制作出属于自己的幻灯片。可以将母版的背景设置为纯色、渐变或图片等效果，在母版中对占位符的位置、大小和字体等格式更改后，会自动应用于所有的幻灯片，如图 5-25 所示。

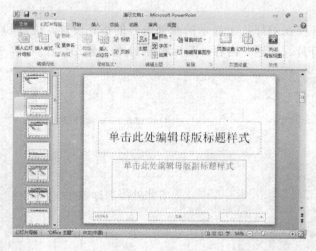

图 5-25 设置幻灯片母版

5.2.10 插入图片

在制作幻灯片时，适当地插入一些图片，可以使幻灯片看起来更美观，达到图文并茂的效果，如图 5-26 所示。

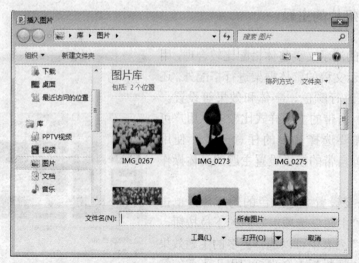

图 5-26 "插入图片"对话框

5.2.11 插入图表

在幻灯片中插入图表，可以使幻灯片的内容更丰富。形象直观的图表与文字数据相比更容易让人理解，插入在幻灯片中的图表可以使幻灯片的显示效果更加清晰。

在 PowerPoint 2010 中，可以插入幻灯片中的图表包括柱形图、折线图、饼图、条形图、面积图、XY（散点图）、股价图、曲面图、圆环图、气泡图和雷达图。从"插入图表"对话框中可以体现出图表的分类，如图 5-27 所示。

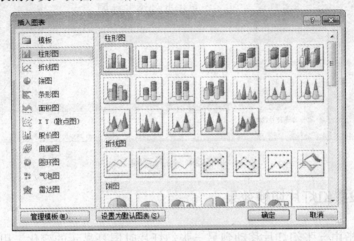

图 5-27 "插入图表"对话框

5.2.12 插入影片和声音

在制作幻灯片时，可以插入影片和声音。声音的来源有多种，可以是 PowerPoint 2010 自带的影片或声音，也可以是用户在计算机中下载或者自己制作的影片或声音等。如图 5-28 和图 5-29 所示。

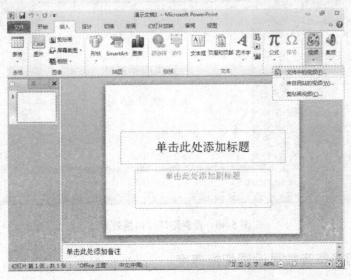

图 5-28 插入视频

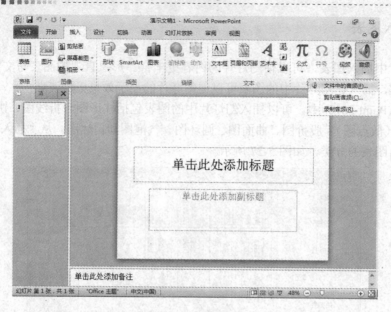

图 5-29　插入音频

5.2.13　添加设置幻灯片切换效果

切换效果是指由一张幻灯片移动到另一张幻灯片时屏幕显示的变化，用户可以根据情况设置不同的切换方案及切换的速度。为幻灯片添加切换效果，可以使幻灯片在放映时更加生动形象，如图 5-30 所示为设置幻灯片切换效果。

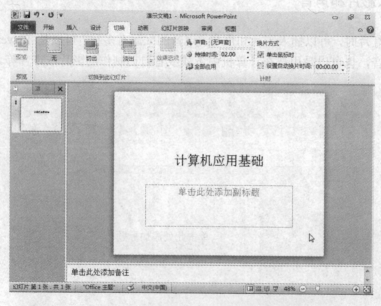

图 5-30　设置幻灯片切换效果

5.2.14　添加切换声音效果设置切换速度

在切换幻灯片时，用户可以为其设置持续的时间，从而控制切换的速度，以便查看幻片的内容，如图 5-31 所示。

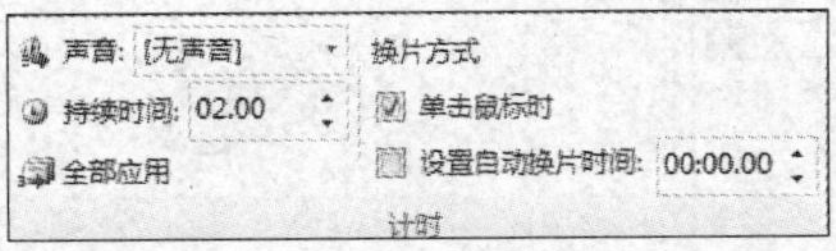

图 5-31　设置切换声音效果及切换速度

5.2.15　应用动画方案

动画用于给文本或对象添加特殊视觉或声音效果。常见的动画效果是在一张幻灯片切换到另一张幻灯片时出现的动画，这种动画也可以使用在文字或图形上，使文字或图形具有可视的效果。

1）设置动画效果

如果想要定义一些多样的动画效果，或为多个对象设置统一的动画效果，可以自定义动画。可以将 PowerPoint 2010 演示文稿中的文本、图片、形状、表格、SmartArt 图形和其他对象制作成动画，赋予它们进入、退出、大小或颜色变化甚至移动等视觉效果。但是需要注意的是，在使用动画的时候，要遵循动画的醒目、自然、适当、简化及创意原则。在幻灯片中设置动画效果后，如果觉得不满意，用户还可以对其重新修改。动画列表如图 5-32 所示。

在"动画窗格"中用鼠标右键单击，选择添加的动画效果，在弹出的快捷菜单中列出了可以设置的菜单命令，这里选择"从上一项开始"菜单命令，如图 5-33 所示。

单击"效果选项"命令，弹出"淡出"对话框，在"声音"下拉列表中选择"爆炸"选项。选择"计时"选项卡，在"重复"下拉列表中选择"2"选项，设置完成后，单击【确定】按钮，如图 5-34 所示。

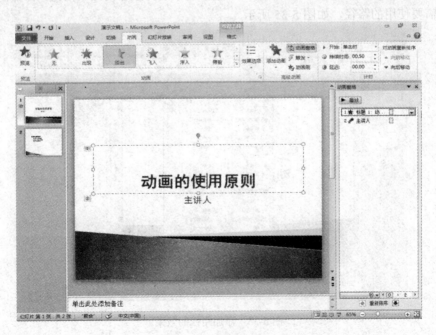

图 5-32　"动画窗格"

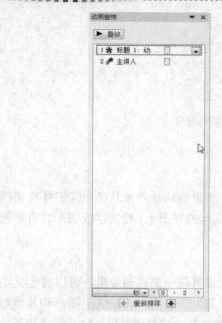

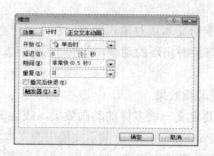

图 5-33 "从上一项开始"菜单命令　　　　图 5-34 "计时"选项卡

2）设置动画播放顺序

添加完动画效果之后，还可以调整动画的播放顺序。打开文件，单击"动画"选项卡"高级动画"选项组中的"动画窗格"按钮，弹出"动画窗格"窗格。选择"动画窗格"窗格中需要调整顺序的动画，单击下方的"重新排序"左侧或右侧的按钮调整即可。

3）动作路径

PowerPoint 2010 提供了一些路径效果，可以使对象沿着路径展示其动画效果。选择要设定的对象，单击"动画"选项卡"高级动画"选项组中的"添加动画"按钮，在弹出的下拉列表中选择需要使用的路径，如图 5-35 所示。

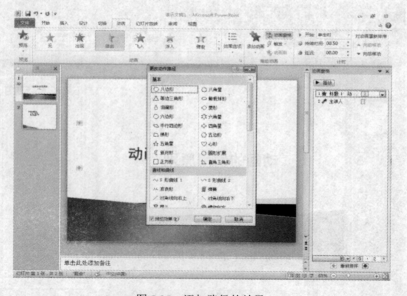

图 5-35 添加路径的效果

5.2.16　设置演示文稿的链接

在 PowerPoint 中，超链接可以是从一张幻灯片到同一演示文稿中另一张幻灯片的连接，也可以是从一张幻灯片到不同演示文稿中另一张幻灯片到电子邮件地址、网页或文件的连接等。

1）为文本创建链接

选择要创建超链接的文本，单击"插入"选项卡"链接"选项组中的"超链接"按钮，弹出"插入超链接"对话框，如图 5-36 所示。

图 5-36　"插入超链接"对话框

2）链接到其他幻灯片

为幻灯片创建链接时，除了可以将对象链接在当前幻灯片中，也可以链接到其他文稿中，如图 5-37 所示。

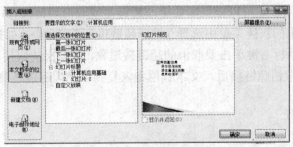

图 5-37　选择链接位置

3）链接到电子邮件

也可以将 PowerPoint 中的幻灯片链接到电子邮件中。

在"插入超链接"对话框中，选择"链接到"列表框中的"电子邮件地址"选项，在右侧的文本框中分别输入"电子邮件地址"与邮件的"主题"，然后单击【确定】按钮即可，如图 5-38 所示。

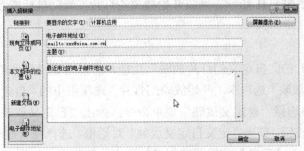

图 5-38　输入电子邮件地址

4）链接到网页

幻灯片的链接对象还可以是网页。在放映过程中单击幻灯片中的文本链接，就可以打开指定的网页。选择文本对象后，单击"插入"选项卡"链接"选项组中的"动作"按钮，弹出"动作设置"对话框，如图 5-39 所示。

在"单击鼠标"选项卡中选择"超链接到"单选按钮，然后在"超链接到"下拉列表中选择"URL"选项，弹出"超链接到 URL"对话框，在"URL"文本框中输入网页的地址，单击【确定】按钮，返回"动作设置"对话框，然后单击【确定】按钮即可完成链接设置，如图 5-40 所示。

图 5-39 "动作设置"对话框　　　图 5-40 "超链接到 URL"对话框

5）编辑超链接

创建超链接后，用户还可以根据需要更改超链接或取消超链接。用鼠标右键单击要更改的超链接对象，在弹出的快捷菜单中选择"编辑超链接"菜单命令，如果当前幻灯片不需要再使用超链接，可以用鼠标右键单击要取消的超链接对象，在弹出的快捷菜单中选择"取消超链接"菜单命令即可。取消超链接后，文本颜色将恢复到创建超链接之前的颜色。

5.2.17　放映幻灯片

无论是对外演讲，还是公司举行娱乐节目，作为一名演示文稿的制作者，在公共场合演示时需要掌握好演示的时间，为此需要测定幻灯片放映时的停留时间。用户可以根据实际需要，设置幻灯片的放映方法，如普通手动放映、自动放映、自定义放映和排列计时放映等。

1）普通手动放映

默认情况下，幻灯片的放映方式为普通手动放映。所以，一般来说普通手动放映是不需要设置的，直接放映幻灯片即可。单击"幻灯片放映"选项卡"开始放映幻灯片"选项组中的"从头开始"按钮，如图 5-41 所示，系统开始播放幻灯片，滑动鼠标或者按【Enter】键切换动画及幻灯片。

2）自定义放映

利用 PowerPoint 的"自定义幻灯片放映"功能，可以自定义设置幻灯片，放映部分幻灯片等。单击"幻灯片放映"选项卡"开始放映幻灯片"选项组中的"自定义幻灯片放映"按钮，在弹出的下拉菜单中选择"自定义放映"菜单命令，弹出"自定义放映"对话框，如图 5-42 所示，单击【新建】按钮，弹出"定义自定义放映"对话框，选择需要放映的幻灯片，单击【添加】按钮，然后再单击【确定】按钮即可创建自定义放映列表，如图 5-43 所示。

图 5-41　"从头开始"按钮

图 5-42　"自定义放映"对话框

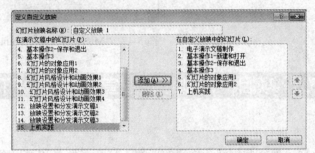

图 5-43　"定义自定义放映"对话框

3）设置放映方式

通过使用"设置幻灯片放映"功能，用户可以自定义放映类型、设置自定义幻灯片、换片方式和笔触颜色等选项。

图 5-44 为"设置放映方式"对话框，对话框中各个选项区域的含义如下。

"放映类型"：用于设置放映的操作对象，包括演讲者放映、观众自行浏览和在展台浏览。

"放映选项"：用于设置是否循环放映、旁白和动画的添加，以及设置笔触的颜色。

"放映幻灯片"：用于设置具体播放的幻灯片。默认情况下，选择"全部"播放。

"换片方式"：用于设置换片方式，包括手动换片和自动换片两种换片方式。

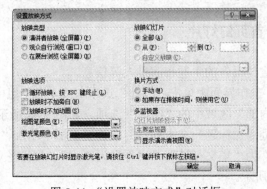

图 5-44　"设置放映方式"对话框

4）使用排列计时

单击"幻灯片放映"选项卡"设置"选项组中的"排练计时"按钮，如图 5-45 所示。

系统会自动切换到放映模式，并弹出"录制"对话框，在"录制"对话框中会自动计算出当前幻灯片的排练时间，时间的单位为秒，如图 5-46 所示。

图 5-45 "排练计时"按钮　　　　　　　　　图 5-46 "录制"对话框

排练完成，系统会弹出"Microsoft PowerPoint"对话框，显示当前幻灯片放映的总时间。单击【是】按钮，即可完成幻灯片的排练计时，如图 5-47 所示。

图 5-47 "Microsoft PowerPoint"对话框

5.3 项目一：制作企业宣传方案 PPT

实训目的：

1．熟练掌握演示文稿的新建、打开、保存和退出操作。

2．熟练掌握幻灯片的插入、复制、移动和删除操作。

3．比较熟练掌握幻灯片中应用表格和图表的方法。

4．熟练掌握幻灯片中应用视频和音频的方法。

5．比较熟练掌握幻灯片中应用相册的方法。

6．比较熟练掌握应用逻辑节的方法。

7．熟练掌握幻灯片中应用图片、剪贴画和 SmartArt 的方法。

8．熟练掌握幻灯片的放映操作。

要求：设计企业宣传首页幻灯片、公司概况幻灯片、公司组织结构幻灯片、公司项目介绍幻灯片、公司宣传结束幻灯片，设计产品宣传幻灯片的转换效果。

5.3.1 设计企业宣传首页幻灯片

首页幻灯片应列出宣传报告的主题和演讲人等信息。

（1）在 PowerPoint 工作界面中单击"设计"选项卡"主题"组中的"其他"按钮，在弹出的下拉菜单中选择"内部"区域中的"凸显"选项，如图 5-48 所示。

（2）单击"单击此处添加标题"文本框，并在该文本框中输入"某某有限公司项目宣传"文本内容，设置"字体"为"华文行楷"，"字号"为"44"，并调整文本框的宽度，使其适应字体的宽度，如图 5-49 所示。

图 5-48　"凸显"主题样式

图 5-49　设置演示文稿的标题

（3）单击"单击此处添加副标题"文本框，并在该文本框中输入"主讲人：李经理"文本内容，设置"字体"为"宋体（正文）"，"字号"为"30"，并调整文本框至合适的位置，最终效果如图 5-50 所示。

5.3.2　设计公司概况幻灯片

制作好宣传首页幻灯片页面后，接下来就需要对公司进行简单的概述。

图 5-50　设置副标题

（1）单击"开始"选项卡"幻灯片"组中的"新建幻灯片"按钮，在弹出的快捷菜单中选择"标题和内容"选项。

（2）在新添加的幻灯片中单击"单击此处添加标题"文本框，并在该文本框中输入"公司简介"文本内容，设置"字体"为"方正姚体（标题）"，加粗，"字号"为"44"，如图 5-51 所示。

（3）单击"单击此处添加文本"文本框，将该文本框中的内容全部删除。单击"插入"选项卡"文本"组中的"文本框"选项，在弹出的列表中选择"横排文本框"菜单命令，插入一个横排文本框，如图 5-52 所示。

图 5-51　设置幻灯片标题

图 5-52　"文本框"选项

（4）在文本框中输入公司简介内容，并设置"字体"为"宋体（正文）"，"字号"为"24"，之后对文本内容进行首行缩进两厘米，并调整文本框至合适的位置，效果如图 5-53 所示。

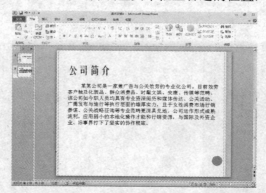

图 5-53　输入并设置幻灯片内容

5.3.3　设计公司组织结构幻灯片

对公司状况有了大致了解后，可以继续对公司进行进一步的说明，例如介绍公司的内部组织结构等。

（1）创建一张空白的幻灯片。单击"插入"选项卡"插图"组中的"SmartArt"按钮，弹出"选择 SmartArt 图形"对话框，选择"层次结构"区域中的"层次结构"选项，单击【确定】按钮，如图 5-54 所示。

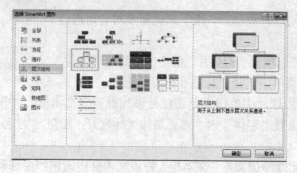

图 5-54　"选择 SmartArt 图形"对话框

（2）查看插入的层次结构图，调整层次结构图，并且输入文字，效果如图5-55所示。

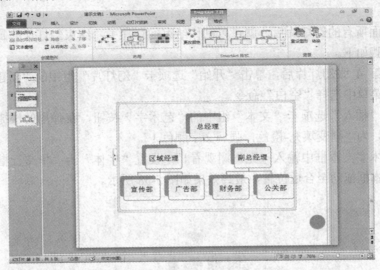

图5-55 插入层次结构图

（3）单击"插入"选项卡"文本"组中的"文本框"选项，插入横排文本框，并输入"公司组织结构"，设置文字"字体"为"方正姚体"，"字号"为"44"，设置完成后调整文本框的位置，效果如图5-56所示。

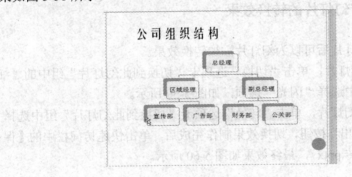

图5-56 插入幻灯片标题

5.3.4 设计公司项目介绍幻灯片

（1）单击"开始"选项卡"幻灯片"组中的"新建幻灯片"按钮，在弹出的快捷菜单中选择"标题和内容"选项，创建新幻灯片。在新添加的幻灯片中单击"单击此处添加标题"文本框，并在该文本框中输入"职责介绍"文本内容，设置"字体"为"方正姚体（标题）"，加粗，"字号"为"44"。

（2）单击"单击此处添加文本"文本框，在此输入项目介绍内容，并设置"字体"为"宋体"，"字号"为"24"，调整文本框至合适的位置，最终效果如图5-57所示。

图5-57 输入幻灯片内容

5.3.5 设计公司宣传结束幻灯片

制作完前面所有的幻灯片后，就可以制作结束幻灯片了，结束幻灯片的制作非常简单，具体的操作步骤如下。

（1）选择第 4 张幻灯片后，单击"开始"选项卡"幻灯片"组中的"新建幻灯片"按钮在弹出的快捷菜单中选择"空白"命令。

（2）单击"插入"选项卡"文本"组中的"艺术字"按钮，在弹出的快捷菜单中选择一种艺术字样式，为"渐变填充-橙色，强调文字颜色 1"。

（3）在艺术字文本框中输入"完谢谢观看！"，设置"字体"为"华文行楷"，"字号"为"96"，并将文本框拖动至合适位置，最终效果如图 5-58 所示。

图 5-58　输入并设置幻灯片文本

5.3.6 设计产品宣传幻灯片的转换效果

制作完成所有的幻灯片后可以为幻灯片添加转换效果。

（1）选择第 1 张幻灯片，单击"切换"选项卡"切换到此幻灯片"组中的"细微型"按钮，在弹出的下拉列表中选择"闪光"选项，如图 5-59 所示。

（2）依次选择其他幻灯片，单击"转换"选项卡"切换到此幻灯片"组中选择"溶解"、"百叶窗"、"闪耀"、"淡出"按钮，切换效果制作完成后，单击快速访问栏中的【保存】按钮，将文稿保存为"企业宣传.pptx"，最终效果如图 5-60 所示。

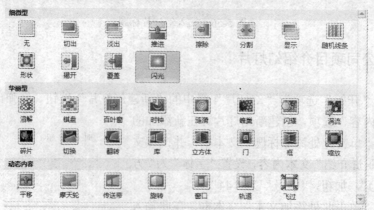

图 5-59　设置首页幻灯片切换效果

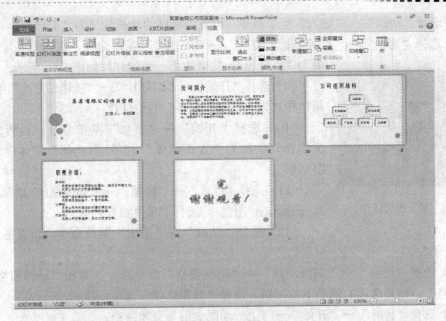

图 5-60　效果图

5.4　项目二：制作企业培训 PPT

实训目的：

1．熟练掌握应用主题的方法。

2．熟练掌握应用幻灯片版式的方法。

3．熟练掌握设置幻灯片母版、页眉/页脚和幻灯片背景的方法。

4．熟练掌握设置幻灯片切换效果的方法。

5．熟练掌握为幻灯片上的对象设置动画效果的方法。

6．熟练掌握设置对象动作和应用超链接的方法。

7．比较熟练掌握设置幻灯片放映、排练计时、录制幻灯片演示、自定义幻灯片放映等放映控制。

实训步骤：

（1）启动 PowerPoint 2010 软件；

（2）选择"设计"→"主题"→"其他"菜单命令，设计幻灯片主题为"沉稳"；

（3）选择"插入"→"文本"→"艺术字"菜单命令，在弹出的列表中选择艺术字样式"渐变填充-绿色，强调文字颜色 1"；

（4）选择"开始"→"字体"菜单命令，设置艺术字"企业培训"的字号为"96"，字体为"华文行楷"；

（5）选择"格式"→"形状样式"→"形状效果"菜单命令，设置艺术字的形状效果为"阴影"组中的"内部居中"；

（6）选择"开始"→"字体"菜单命令，设置副标题的"主讲人：李经理"文字样式，字号为"40"，字体为"微软雅黑"；

（7）选择"动画"→"进入"菜单命令，设置副标题的动画效果为"旋转"；

（8）选择"切换"→"切换到此幻灯片"→"华丽型"菜单命令，选择幻灯片的切换效果为"百叶窗"；完成的第一张幻灯片如图 5-61 所示。

图 5-61　第一张幻灯片

（9）选择"开始"→"幻灯片"→"新建幻灯片"菜单命令，新建样式为"标题和内容"的幻灯片；

（10）选择"开始"→"字体"菜单命令，设置文字"现况简介"字体为"方正姚体"，字号为"46"字体样式为"文字阴影"；

（11）选择"插入"→"插图"→"SmartArt"菜单命令，插入 SmartArt 图表 ，选择"垂直曲形列表"；

（12）选择"动画"→"退出"菜单命令，设置图表动画效果为"轮子"；

（13）选择"动画"→"高级动画"→"动画窗格"菜单命令，弹出"动画窗格"，单击"动画窗格"中动画选项右侧的下拉按钮，选择"效果选项"选项。

（14）选择"计时"→"开始"→"上一动画之后"菜单命令；

（15）选择"切换"→"切换到此幻灯片"→"动态内容"菜单命令，选择"轨道"选项；完成的第二张幻灯片如图 5-62 所示。

（16）选择"开始"→"幻灯片"→"新建幻灯片"菜单命令，新建"标题和内容"幻灯片；

（17）选择"开始"→"字体"菜单命令，设置标题为"方正姚体"，字号为"46"，字体样式为"文字阴影"，内容为："方正姚体"，字号为"32"；

（18）选择"动画"→"进入"菜单命令，选择动画样式为"浮入"；

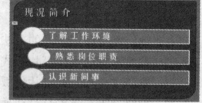

图 5-62　第二张幻灯片"现况简介"

（19）选择"插入"→"图像"→"图片"菜单命令，插入图片"花"，设置图片大小，宽 15 厘米，高 10 厘米。完成的第三张幻灯片如图 5-63 所示。

图 5-63　第三张幻灯片"任务目标"

（20）选择"开始"→"幻灯片"→"新建幻灯片"菜单命令，新建"标题和内容"幻灯片；

（21）选择"开始"→"字体"菜单命令，设置文字字体和字号（格式与第二张幻灯片相同）；

（22）选择"插入"→"图像"→"图片"菜单命令，插入剪贴画，在搜索文字中输入"计算机"，把搜索到的第一张剪贴画插入，并适当调整图片位置；

（23）选择"转换"→"切换到此幻灯片"→"细微型"菜单命令，选择"推进"选项，完成的第四张幻灯片如图 5-64 所示。

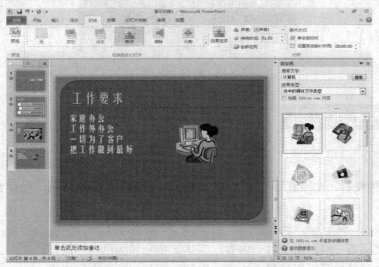

图 5-64　第四张幻灯片"工作要求"

（24）选择"开始"→"幻灯片"→"新建幻灯片"菜单命令，新建"标题和内容"幻灯片；

（25）选择"开始"→"字体"菜单命令，设置字体样式（格式与第二张幻灯片相同）。

（26）选择"动画"→"进入"菜单命令，设置动画效果，标题为"劈裂"，内容为"随机线条"；完成的第五张幻灯片如图 5-65 所示。

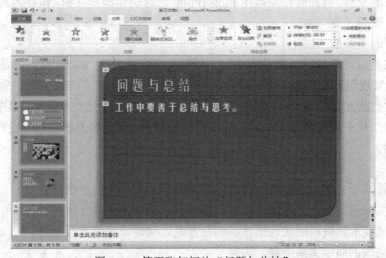

图 5-65　第五张幻灯片"问题与总结"

（27）选择"开始"→"幻灯片"→"新建幻灯片"菜单命令，新建空白幻灯片；

（28）选择"插入"→"文本"→"艺术字"菜单命令，插入艺术字"完"；

（29）选择"开始"→"字体"菜单命令，设置字体样式为"渐变填充-玫瑰红，强调文字颜色6，内部阴影"，完成的第六张幻灯片，如图 5-66 所示。

图 5-66　最后一张幻灯片

5.5　课后上机习题

习题 1：

利用提供的资料，按照题目要求用 PowerPoint 创意制作演示文稿，保存名为中国语言文字.ppt。

要求：

1．演示文稿第一页：用资料一内容，字体、字号和颜色自行选择。

2．演示文稿第二页：用资料二内容，字体、字号和颜色自行选择。

3．自行选择幻灯片设计模板，并在幻灯片放映时有自定义动画的效果（例如添加效果使文字以飞入方式进入）。

4．在幻灯片放映时幻灯片切换有美观的效果（例如水平百叶窗的效果）。

5．制作完成的演示文稿整体美观。

习题 2：

利用提供的资料，按照题目要求用 PowerPoint 创意制作演示文稿，保存名为改革开放.ppt。

资料一、改革开放

资料二、改革开放

改革开放是党在新的时代条件下带领人民进行的新的伟大革命，目的就是要解放和发展社会生产力，实现国家现代化，让中国人民富裕起来，振兴伟大的中华民族；就是要推动我国社会主义制度自我完善和发展，赋予社会主义新的生机活力，建设和发展中国特色社会主义；就是要在引领当代中国发展进步中加强和改进党的建设，保持和发展党的先进性，确保党始终走在时代前列。

要求：

1．第一页演示文稿：用资料一内容，字体、字号和颜色自行选择。

2．第二页演示文稿：用资料二内容，字体、字号和颜色自行选择。

3．演示文稿的模板、版式、图片、配色方案、动画方案等自行选择。

4．制作完成的演示文稿美观、大方。

习题 3：

具体要求如下：启动 PowerPoint，打开素材 PowerPoint1.ppt 文件，按下列要求操作，将结果以 PR1.ppt 为文件名另存在 D：\文件夹中。

1．将第 1 张幻灯片的标题文字"浦东新区"转换成"艺术字"，其字体为：隶书，字号：66，加粗。艺术字样式为："渐变填充-蓝色，强调文字颜色 1"样式。

2．删除第 2、3 和 10 到 16 张幻灯片（注意删除的正确性，例如可逆序删除）。所有幻灯片（7 张幻灯片）使用"龙腾四海"主题。

3．对所有幻灯片添加自动更新的日期和时间及幻灯片编号，并将日期和时间移至屏幕右下角。

4．为第 3 张幻灯片和第 5 张幻灯片分别添加素材图片"陆家嘴金融贸易区．jpg"和"上海综合保税区．jpg"。为这 2 张图片运用样式"金属圆角矩形"。

5．为所有幻灯片设置"溶解"切换效果，持续"1 秒钟"时间，自动换片时间为"1 秒钟"。

习题 4：

具体要求如下：启动 PowerPoint，打开素材 PowerPoint2.ppt 文件，按下列要求操作，将结果以 PR2.ppt 为文件名另存在 D：\SX 文件夹中。

1．在第一张标题幻灯片中，输入标题"上海浦东新区"，设置格式为"华文行楷、54 磅、黑色、阴影"。副标题输入"王海"。

2．为第 4 张幻灯片添加任意一种"水平线"剪贴画，放置在"区位优势"下方。为第 1 张幻灯片中的作者添加邮件链接，邮件地址为：wanghai@sohu.com。

3．所有幻灯片使用"茅草"主题。第一张幻灯片的背景图形不显示。

4．为第 1 张幻灯片添加音频"ns.wma"，设置为所有幻灯片放映时的背景音乐，并使用"循环播放，直到停止"。

5．在所有幻灯片之后，添加一个"空白"幻灯片，并在其中添加旅游景点门票价格比较的图表。按照素材"旅游景点门票价格数据素材.docx"中的表格输入图表数据。将图表标题设置为"上海旅游景点门票"并在图表中显示门票价格。图表背景填充设置为"薄雾浓云"。

5.6 课后练习与指导

一、选择题

1．在 PowerPoint 演示文稿中，将某张幻灯片的版式更改为另一种版式应用到的菜单为（   ）。

    A．文件　　　　　B．视图　　　　　C．插入　　　　　D．格式

2．PowerPoint 中，要改变个别幻灯片背景可使用"格式"菜单中的（   ）。

    A．背景　　　　　B．配色方案　　　C．应用设计模板　　D．幻灯片版式

3．在 PowerPoint 中，不能对个别幻灯片内容进行编辑修改的视图是（   ）。

    A．普通　　　　　B．幻灯片浏览　　C．大纲　　　　　D．以上都不能

4．在 PowerPoint 中，以文档方式存储在磁盘上的文件称为（   ）。

    A．幻灯   B．工作簿   C．演示文稿   D．影视文档

5．在幻灯片中，将涉及其组成对象的种类及对象间相互位置的方案称为（   ）。

    A．模板设计   B．版式设计   C．配色方案   D．动画方案

6．可以编辑幻灯片中文本、图像、声音等对象的视图方式是（   ）。

    A．普通   B．幻灯片浏览   C．大纲   D．备注

7．下列关于打上隐藏标记的幻灯片，说法正确的是（   ）。

    A．播放时可能会显示   B．不能在任何视图方式下编辑

    C．可以在任何视图方式下编辑   D．播放时不能显示

8．在 PowerPoint 中，当前正新制作一个演示文稿，名称为"演示文稿 2"，当执行"文件"菜单的"保存"命令后，会（   ）。

    A．直接保存"演示文稿 2"并退出 PowerPoint

    B．弹出"另存为"对话框，供进一步操作

    C．自动以"演示文稿 2"为名存盘，继续编辑

    D．弹出"保存"对话框，供进一步操作

9．在 PowerPoint 中，在当前窗口一共新建了 3 个演示文稿，但还没有对这 3 个文稿进行"保存"或"另存为"操作，那么（   ）。

    A．3 个文稿名字都出现在"文件"菜单中

    B．只有当前窗口中的文件出现在"文件"菜单中

    C．只有不在当前窗口中的文件处于"文件"菜单中

    D．3 个文稿名字都出现在"窗口"菜单中

10．若当前编辑的演示文稿是 C 盘中名为"图像.PPT"的文件，要将该文件复制到 A 盘，应使用（   ）。

    A．"文件"菜单的"另存为"命令

    B．"文件"菜单的"发送"命令

    C．"编辑"菜单的"复制"命令

    D．"编辑"菜单的"粘贴"命令

11．要在幻灯片中插入项目符号"■"，应该使用（   ）菜单中的命令。

    A．插入   B．文件   C．格式   D．编辑

12．放映幻灯片时，如果要从第 2 张幻灯片跳到第 5 张，应使用菜单"幻灯片放映"中的（   ）。

    A．自定义放映   B．幻灯片切换   C．自定义动画   D．动画方案

13．下列有关幻灯片的注释，说法不正确的是（   ）。

    A．注释信息只出现在备注页视图中

    B．注释信息可在备注页视图中进行编辑

    C．注释信息不能随同幻灯片一起播放

    D．注释信息可出现在幻灯片浏览视图中

14. 如果要使 1 张幻灯片以 "横向棋盘" 方式切换到下 1 张幻灯片，应使用（   ）命令。

 A．自定义动画   B．动作设置   C．幻灯片切换   D．动画方案

15. 标准工具栏中的 "新建" 按钮用于（   ）。

 A．插入 1 张新的幻灯片   B．开始制作另一张新的演示文稿

 C．覆盖当前不想要的幻灯片   D．改变另一种式样

16. 在 PowerPoint 中，有关幻灯片母版中的页眉/页脚说法中错误的是（   ）

 A．页眉/页脚是添加在演示文稿中的注释性内容

 B．典型的页眉/页脚内容是日期、时间及幻灯片编号

 C．在打印演示文稿幻灯片时，页眉/页脚的内容也可打印出来

 D．可以设置页眉/页脚的文本格式

17. 在大纲视图中移动一个幻灯片应该（   ）。

 A．从菜单中选择 "格式" 命令   B．单击工具栏中的 "粘贴" 按钮

 C．用鼠标把它拖到新位置   D．按照 MOVE WIZRD 中的指令做

18. 按（   ）键可以停止幻灯片播放。

 A．Enter   B．Esc   C．Shift   D．Ctrl

19. 在 PowerPoint 中，要改变一个幻灯片模板时（   ）。

 A．可使用 "幻灯片模板" 菜单命令   B．可使用 "幻灯片版式" 菜单命令

 C．只有当前模板采用新模板   D．默认的字体也会发生变化

20. 要给一个幻灯片加上隐藏标记，应使用（   ）菜单。

 A．编辑   B．格式   C．工具   D．幻灯片放映

二、填空题

1. 演示文稿幻灯片有_____、_____、_____、_____等视图。

2. 幻灯片的放映有_____种方法。

3. 将演示文稿打包的目的是_____。

4. 艺术字是一种_____对象，它具有_____属性，不具备文本的属性。

5. 在幻灯片的视图中，向幻灯片插入图片，选择_____菜单的图片命令，然后选择相应的命令。

6. 在放映时，若要中途退出播放状态，应按_____功能键。

7. 在 PowerPoint 中，为每张幻灯片设置切换声音效果的方法是使用 "幻灯片放映" 菜单下的_____。

8. 按行列显示并可以直接在幻灯片上修改其格式和内容的对象是_____。

9. 在 PowerPoint 中，能够观看演示文稿的整体实际播放效果的视图模式是_____。

10. 退出 PowerPoint 的快捷键是_____。

11. 用 PowerPoint 应用程序所创建的用于演示的文件称为_____，其扩展名为_____。

12. PowerPoint 可利用模板来创建_____，它提供了两类模板，_____和_____。模板的扩展名为_____。

13. 在 PowerPoint 中，可以为幻灯片中的文字、形状和图形等对象设置_____。设计

基本动画的方法是先在_____视图中选择好对象，然后选用幻灯片放映菜单中的_____。

14. 在"设置放映方式"对话框中，有三种放映类型，分别为_____、_____、_____。

15. 普通视图包含 3 种窗口：_____、_____和_____。

16. 状态栏位于窗口的底部它显示当前演示文档的部分_____或_____。

17. 创建文稿的方式有_____、_____、_____。

18. 使用 PowerPoint 演播演示文稿要通过_____或_____屏幕展现出来。

19. 创建动画效果要使用到的命令是_____。

20. _____就是将幻灯片上的某些对象，设置为特定的索引和标记。

第6章

计算机网络基础及应用

本章导读

▶ 了解计算机网络的发展过程
▶ 了解计算机网络的分类
▶ 认识局域网的特点和分类
▶ 了解网络安全基本知识

6.1 计算机网络的定义和功能

目前正处于以网络为核心的信息时代，世界经济也正在从工业经济向知识经济转型，知识经济最重要的特点是信息化和全球化。要实现信息化和全球化，就必须依赖完善的网络体系，即电信网络、有线电视网络和计算机网络。在这三类网络中，起核心作用的是计算机网络，它是一门涉及多种学科和技术领域的综合性技术。

1. 计算机网络的定义

计算机网络是指分布在不同地理位置上的具有独立功能的多个计算机系统，通过通信设备和通信线路连接起来，在网络软件的管理下实现数据传输和资源共享的系统。它综合应用了现代信息处理技术、计算机技术和通信技术的研究成果，把分散在广泛领域中的许多信息处理系统连接在一起，组成一个规模更大、功能更强、可靠性更高的信息综合处理系统。

2. 计算机网络的功能

计算机网络系统具有丰富的功能，主要体现在信息交换、资源共享和分布式处理三个方面。

1）信息交换

信息交换功能是计算机网络的最基本功能，主要完成网络中各个节点之间的通信。如通过计算机网络实现铁路运输的实时管理与控制，提高铁路运输能力；又如人们可以在网络上通过 E-mail（电子邮件）、IP Phone（IP 电话）和即时信息等各种新型的通信手段，从而提高了计算机系统的整体性能，也方便了人们的工作和生活。

2）资源共享

计算机网络最具本质也是最吸引人的功能是共享资源，包括硬件资源和软件资源。利用计算机网络可以共享主机设备，如中型机、小型机和工作站等，以完成特殊的处理任务；可以共享外部设备，如激光打印机、绘图仪、数字化仪和扫描仪等，以节约投资；更重要的是共享软件、数据等信息资源，可最大限度地降低成本和提高效率。

3）分布式处理

对于较大型的综合性问题，通过一定的算法，把数据处理的功能交给不同的计算机，达到均衡使用网络资源，实现分布处理的目的。对于解决复杂问题，多台计算机联合使用并构成高性能的计算体系，这种协同工作、并行处理要比单独购置高性能的大型计算机便宜得多。

6.2 计算机网络的分类

计算机网络的分类标准有很多，根据不同的分类标准，可以把计算机网络分为不同类型。常用的计算机网络若按拓扑结构划分，可分为星形、总线形、环形、网状形等，如图 6-1 所示。

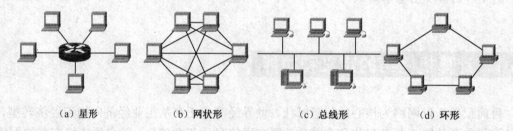

(a) 星形   (b) 网状形   (c) 总线形   (d) 环形

图 6-1 常见计算机网络拓扑结构

按数据交换方式划分，可分为电路交换网、报文交换网、分组交换网；按信号传播方式划分，可分为基带网和宽带网；按传输技术划分，可分为广播式网络和点到点式网络；按网络的覆盖范围划分，可分为局域网、广域网、城域网。计算机网络分类示意图如图 6-2 所示。

上述每种分类标准只给出了网络某方面的特征，并不能全面反映网络的本质。从不同的角度观察计算机网络，有利于全面了解计算机网络的特性。下面介绍两种最常用的网络分类方法，即根据网络的覆盖范围分类和根据传输技术分类。

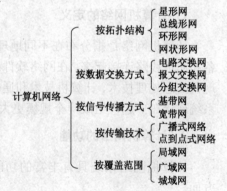

图 6-2 计算机网络分类示意图

6.3 项目一：资料搜索和下载

用户可以使用搜索引擎搜集互联网上的信息，也可以根据需要将网络上的资源下载到本地计算机中。

6.3.1 资料搜索

在网上搜索资料，需要用到搜索引擎，网上的搜索引擎很多，其中，百度是最大的中文搜索引擎，在百度网站中可以搜索页面、图片、新闻、MP3 音乐以及百科知识等内容。

下面介绍如何使用百度搜索资料。

1. 搜索网页

打开 IE 浏览器，在地址栏中输入百度搜索网址 "http://www.baidu.com"，按下【Enter】键，即可打开百度首页。在首页中单击"网页"超链接，进入网页搜索页面，然后在"搜索"文本框中输入想要搜索网页的关键字，如输入"糖果"，如图 6-3 所示。单击【百度一下】按钮，即可打开有关"糖果"的网页搜索结果，如图 6-4 所示，然后根据需要单击相应的链接即可查看网页。

图 6-3 "百度"首页　　　　　　图 6-4 搜索结果

2. 搜索图片

打开百度首页，在首页中单击"图片"超链接，进入图片搜索页面，在"搜索"文本框中输入想要搜索图片的关键字，例如输入"风景"，单击【百度一下】按钮，即可打开有关"风景"的图片搜索结果，如图 6-5 所示。单击自己喜欢的风景图片，例如这里单击第 2 个图片链接，即可以大图的方式显示该图片，如图 6-6 所示。

图 6-5 搜索结果　　　　　　图 6-6 查看图片

6.3.2 下载办公软件

一般情况下，用户下载软件都要到相应软件的官方网站上去获取最新的版本。下面以下载美图秀秀软件为例进行讲解，具体操作步骤如下。

（1）打开 IE 浏览器，在地址栏中输入天空软件站网址"http://www.skycn.com/"，单击【转至】按钮，打开天空软件站首页。然后在"软件搜索"搜索框中输入"美图秀秀"，单击【软件搜索】按钮，如图 6-7 所示。

图 6-7　天空软件站首页

（2）在打开的网页中，列出了不同版本的美图秀秀软件，选择并单击需要下载的类型，如图 6-8 所示。

图 6-8　显示软件版本

（3）进入软件下载页面，单击【下载地址】按钮显示软件下载地址，单击下载地址，即可打开"文件下载-安全警告"对话框，单击【保存】按钮，即可打开"另存为"对话框，选择文件存储的位置即可开始下载美图秀秀软件，如图 6-9 所示。

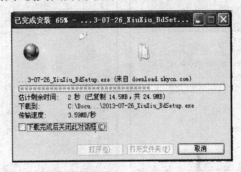

图 6-9　软件下载

6.4　项目二：发送电子邮件

通过收 / 发电子邮件，人们可以很方便地与任何地方的网络用户联系。

6.4.1　邮箱的选择

在注册邮箱之前，我们需要明白使用邮箱的目的是什么，用户可以根据自己不同的需要有针对性地选择邮箱。

如果是经常和国外的客户联系，建议使用国外的电子邮箱，例如 Gmail、MSN mail、Yahoo mail 等。如果想当做网络硬盘使用，经常存放一些图片资料等，那么就选择存储量大的邮箱，例如 Gmail、Yahoo mail、网易 163mail、126mail 等。如果自己拥有一台计算机，最好选择支持 POP/SMTP 协议的邮箱，可以通过 Outlook、Foxmail 等邮件客户端软件将邮件下载到自己的硬盘上，这样就不用担心邮箱的大小不够用，同时还能避免别人窃取密码以后偷看你的信件（前提是不在服务器上保留副本）。

6.4.2　书写并发送电子邮件

下面以网易邮箱提供的以@163.com 为后缀的邮箱为例，介绍如何书写电子邮件。

在使用电子邮箱收 / 发电子邮件之前，需要注册一个邮箱账户。

1．撰写普通的邮件

登录邮箱后，在邮件管理页面单击【写信】按钮，在"收件人"文本框中输入收件人的邮箱地址，在"主题"文本框中输入邮件的主题文字，在"内容"组合框中输入邮件的内容，如图 6-10 所示。

在页面下方单击【发送】按钮，即可发送邮件，如图 6-11 所示。

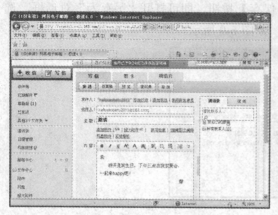

图 6-10　输入邮件内容　　　　　　　　　　图 6-11　发送邮件

2. 发送附件

（1）登录邮箱后，在邮件管理页面单击【写信】按钮，在"收件人"文本框中输入收件人的邮箱地址，在"主题"文本框中输入邮件的主题文字，在"内容"组合框中输入邮件的内容，如图 6-12 所示。

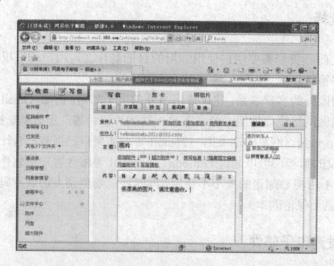

图 6-12　输入邮件内容

（2）单击"主题"文本框下方的【添加附件】按钮，如图 6-13 所示，弹出"选择要上载的文件"对话框，选择要上载的文件。

（3）单击【打开】按钮，即可在"写信"界面中看到添加的文件，然后单击【发送】按钮即可，如图 6-14所示。

图 6-13　【添加附件】按钮

138

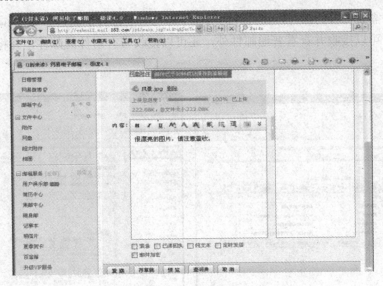

图 6-14   添加的附件

6.4.3   接收邮件

具体操作步骤如下。

（1）登录邮箱之后，在邮箱管理页面即可接收并查看信件。在邮箱管理页面单击【收信】
按钮，如图 6-15 所示。

图 6-15   "收件箱"窗格

（2）此时邮箱会自动接收最近发送过来的邮件，并打开"收件箱"窗格。在右侧的收件
箱中可查看邮箱中所有的信件。（用户也可以通过单击左侧"收件箱"标签打开收件箱。在"收
件箱"标签中显示出了信件的数量，比如这里显示为"收件箱（3）"，表示收件箱中共有 3 封
邮件）如图 6-16 所示。

（3）单击需要查看的邮件，在打开的页面中即可查看邮件的内容，如图 6-17 所示。

用户除了可以接收并查看普通邮件外，还可以接收带有附件的邮件，并将附件下载到本地计算机中。

图 6-16　邮箱管理页面

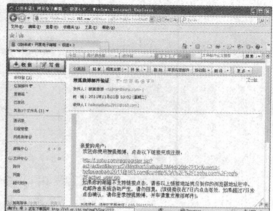

图 6-17　查看邮件内容

接收带有附件的邮件的具体操作步骤如下。

（1）在收件箱中单击带有附件的邮件，在打开的页面中可查看邮件的内容，如果需要查看附件，可以单击"查看附件"超链接，如图 6-18 所示。

（2）此时会自动跳转到查看邮件页面的"附件"位置，如果需要下载附件，可以单击"下载"超链接，如图 6-19 所示。

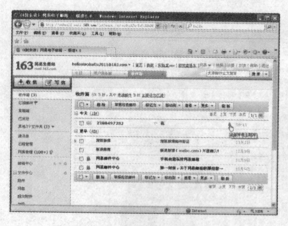

图 6-18　带有附件的邮件

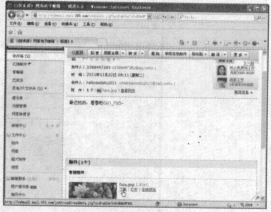

图 6-19　下载附件

（3）弹出"文件下载"对话框，单击【保存】按钮，弹出"另存为"对话框。在该对话框中选择文件的保存位置，并单击【保存】按钮。此时即可开始下载文件，如图 6-20 所示。下载结束后会弹出"下载完毕"对话框，即可查看文件内容。

图 6-20 "另存为"对话框

6.5 课后练习与指导

一、选择题

1. 计算机网络是现代计算机技术和（　　）密切结合的产物。

   A．网络技术　　　　B．通信技术　　　　　　C．电子技术　　　　　　D．人工智能技术

2. 世界上第一个计算机网络是（　　）。

   A．ARPAnet　　　B．Internet　　　　　　C．ChinaNet　　　D．CERNET

3. 以下关于计算机网络的分类中，（　　）不属于按覆盖范围的分类。

   A．局域网　　　　B．广播网　　　　　　C．广域网　　　　D．城域网

4. 网络拓扑是指（　　）。

   A．网络形状　　　B．网络操作系统　　　C．网络协议　　　D．网络设备

5. 广域网经常采用的网络拓扑结构是（　　）。

   A．总线形　　　　B．环形　　　　　　　C．网状　　　　　　D．星形

6. 下列对星形拓扑结构的描述，不正确的是（　　）。

   A．所需电缆多，安装、维护工作量大　　　B．中心结点的故障可能造成全网瘫痪

   C．各结点的分布处理能力较差　　　　　　D．故障诊断和隔离困难

7. 下列说法中（　　）是正确的。

   A．网络中的计算机资源主要指服务器、路由器、通信线路与用户计算机

   B．网络中的计算机资源主要指计算机操作系统、数据库与应用软件

   C．网络中的计算机资源主要指计算机硬件、软件、数据

   D．网络中的计算机资源主要指 Web 服务器、数据库服务器与文件服务器

8. 双绞线绞合的目的是（　　）。

   A．增大抗拉强度　　　　　　　　　　　B．提高传送速度

   C．减少干扰　　　　　　　　　　　　　D．增大传输距离

9. 拓扑设计是建设计算机网络的第一步。它对网络的影响主要表现在（　　）。

   Ⅰ．网络性能　Ⅱ．系统可靠性　Ⅲ．安全性　Ⅳ．通信费用

   A．Ⅰ、Ⅱ　　　　B．Ⅰ、Ⅱ和Ⅳ　　　C．Ⅰ、Ⅱ和Ⅳ　　　D．Ⅲ、Ⅳ

10. 下列 4 项中，不是 Internet 域名的是（　　）。

    A．edu　　　　　B．gov　　　　　C．www　　　　　D．cn

11. 一座大楼内的一个计算机网络系统属于（　　）。

    A．PAN　　　　　B．LAN　　　　　C．MAN　　　　　D．WAN

12. 计算机网络中可以共享的资源包括（　　）。

    A．硬件、软件、数据、通信信道　　　　B．主机、外设、软件、通信信道

    C．硬件、程序、数据、通信信道　　　　D．主机、程序、数据、通信信道

13. 物联网的体系结构不包括（　　）。

    A．应用层　　　　B．网络层　　　　C．感知层　　　　D．物理层

二、填空题

1. 计算机网络系统具有丰富的功能，主要体现在_____、_____和_____三个方面。

2. 计算机网络的分类标准有很多，根据不同的分类标准，可以把计算机网络分为不同类型。按网络的覆盖范围划分，可分为_____、_____、_____。

3. 计算机网络是现代_____和_____密切结合的产物。

4. 计算机网络从功能角度来看，其逻辑结构是由_____和_____组成的。

5. 局域网常用的拓扑结构有_____、_____、_____三种。

6. 计算机网络中常用的三种有线通信介质是_____、_____、_____。

7. 局域网的英文缩写为_____，城域网的英文缩写为_____，广域网的英文缩写为_____。

8. 计算机网络的功能主要表现在_____、_____、_____。

9. 物联网是指通过信息_____，按照约定的协议，把任何物品与_____连接起来，进行信息交换和通信，以实现智能化_____、_____、_____、监控和管理的一种网络。它是在互联网的基础上延伸和扩展的网络。

10. 网络系统的_____是指保证网络系统不因各种因素的影响而中断正常工作。

11. 数据的_____是指在保证软件和数据完整性的同时，还要能使其被正常利用和操作。

第 7 章

多媒体技术基础

> ▶ 了解多媒体及多媒体技术的定义和分类
> ▶ 了解多媒体关键技术
> ▶ 理解计算机中音频信号的种类及特点
> ▶ 了解各种常用的视频文件格式、压缩原理和视频信息的获取方法

7.1 多媒体的基本概念

多媒体技术就是利用计算机技术将文本、图形、图像、音频和视频等多种媒体信息综合一体化，使之建立逻辑连接，集成为一个交互性的系统，并能对多媒体信息进行获取、压缩编码、编辑、加工处理、存储和展示。简单地说，多媒体技术就是将声、文、图等通过计算机集成在一起的技术。实际上，多媒体技术是计算机技术、通信技术、音频技术、图像压缩技术、文字处理技术等多种技术的一种结合。多媒体技术能提供多种文字信息和多种图像信息的输入、输出、传输、存储和处理，使表现的信息，图、文、声、触、味并茂，更加直观和自然。

7.1.1 媒体及分类

1. 定义

所谓媒体（Medium），又称载体，就是信息传递和存储最基本的技术和手段，也就是信息的载体，是信息的表示形式。

2. 分类

（1）视觉媒体（Vision Medium）：通过视觉传达信息的媒体，包括点阵图像、矢量图形、动画、视频图像、符号、文字等。

（2）听觉媒体（Audition Medium）：通过声音传达信息的媒体，包括波形声音、语音和音乐等。

（3）触觉媒体（Sensation Medium）：就是环境媒体，描述了环境中的一切特征与参数。

当人们置身于该环境时，就向自身传递了与人相关的信息。

（4）活动媒体（Activity Medium）：是一种时间性媒体。在活动中包含学习和变换两个最重要的过程。

（5）抽象媒体（Abstraction Medium）：包括自然规律、科学事实及抽象数据等。它们代表的是一类外在形象的抽象事实。抽象类媒体必须借助于感知媒体才可以表达出来。基本媒体可能组合起来。例如，交换媒体，是系统之间交换信息的手段和技术，可以是存储媒体，传输媒体，或两者的结合。

7.1.2　多媒体及多媒体技术

1．多媒体及多媒体技术的概念

多媒体的英文单词是 Multimedia，它由 Media 和 Multi 两部分组成。"多媒体"一词在 1960—1965 年开始使用。顾名思义，Multimedia 意味着非单一媒体，一般理解为多种媒体的综合，主要指的是文本、图形、视频、声音、音乐或数据等多种形态信息的处理和集成呈现（Processing and Integrated Presentation）。在多媒体技术中所说的"多媒体"，主要是多种形式的感知媒体。

2．多媒体的数据类型

（1）文本：最基本的类型，有多种编码方式，如 ASCII 码、中文的 GB 码等。

（2）图形和图像：图像由像素组成；图形由图元组成。

（3）音频：音频属于听觉类媒体，主要分为波形声音、语音和音乐，其频率范围在 20Hz～20kHz 之间。

（4）动画和视频：动画是用计算机生成一系列可供实时演播的连续画面技术。视频是由一幅幅拍摄下来的真实画面序列组成的。

7.1.3　多媒体技术基本特性

1．多样性

多样性是指综合处理多种媒体信息，包括文本、音频、图形、图像、动画和视频等。

2．集成性

集成性是指多种媒体信息的集成及与这些媒体相关的设备集成。前者是指将多种不同的媒体信息有机地进行同步组合，使之成为一个完整的多媒体信息系统；后者是指多媒体设备应该成为一体，包括多媒体硬件设备、多媒体操作系统和创作工具等。

3．交互性

交互性是指能够为用户提供更加有效地控制和使用信息的手段。它可以增加用户对信息的注意和理解，延长信息的保留时间。从数据库中检索出用户需要的文字、照片和声音资料，是多媒体交互性的初级应用；通过交互特征使用户介入到信息过程中，则是交互应用的中级阶段；当用户完全进入到一个与信息环境一体化的虚拟信息空间遨游时，才达到了交互应用的高级阶段。

4．实时性

实时性是指当多种媒体集成时，其中的声音和运动图像是与时间密切相关的，甚至是实时的。因此，多媒体技术必然要支持实时处理，如视频会议系统和可视电话等。

总之，多媒体技术是一种基于计算机技术的综合技术，它包括信号处理技术、音频和视频技术、计算机硬件和软件技术、通信技术、图像压缩技术、人工智能和模式识别技术。

7.1.4 多媒体系统的关键技术

多媒体应用涉及许多相关技术，因此多媒体技术是一门多学科的综合技术，其主要内容有以下几方面。

（1）多媒体数据压缩技术。

（2）多媒体网络通信技术。

（3）多媒体存储技术。

（4）多媒体计算机专用芯片技术。

（5）多媒体输入/输出技术。

（6）多媒体系统软件技术。

（7）虚拟现实技术。

7.2 数字音频技术

声音是人类交流和认识自然的主要媒体形式，语言、音乐和自然之声构成了声音的丰富内涵，人类一直被包围在丰富多彩的声音世界当中。

声音是携带信息的重要媒体，而多媒体技术的一个主要分支便是多媒体音频技术。其重要内容之一是数字音频信号的处理，这主要表现在数据采样和编辑加工两个方面。其中，数据采样是将自然声转换成计算机能够处理的数据音频信号；对数字音频信号的编辑加工则主要表现为编辑、合成、静音、增加混响、调整频率等方面。

7.2.1 数字音频概述

1．模拟音频

声音是通过一定介质（如空气、水等）传播的连续波，在物理学中称为声波。声音的强弱体现在声波的振幅上，音调的高低体现在声波的周期或频率上。声波是随时间连续变化的模拟量，它有以下三个重要指标。

（1）振幅（Amplitude）。声波的振幅通常是指音量，它是声波波形的高低幅度，表示声音信号的强弱程度。

（2）周期（Period）。声音信号的周期是指两个相邻声波之间的时间长度，即重复出现的时间间隔，以秒（s）为单位。

（3）频率（Frequency）。声音信号的频率是指每秒钟信号变化的次数，即周期的倒数，以赫兹（Hz）为单位。

2．数字音频

由于音频信号是一种连续变化的模拟信号，而计算机只能处理和记录二进制的数字信号，因此由自然音源得到的音频信号必须经过一定的变化和处理，变成二进制数据后才能送到计算机进行存储和再编辑，变换后的音频信号称为数字音频信号。

模拟音频和数字音频在声音的录制、保存和播放方面有很大不同。模拟声音的录制是将代表声音波形的电信号经转换存储到不同的介质，如磁带、唱片上。在播放时将记录在介质上的信号还原为声音波形，经功率放大后输出。数字音频是将模拟的声音信号变换（离散化处理）为计算机可以识别的二进制数据后再进行加工处理。播放时首先将数字信号还原为模拟信号，经放大后输出。

7.2.2 声音的基本特点

1．声音的传播与可听域

声音依靠介质的振动进行传播。声源实际上是一个振动源，它使周围的介质（空气、液体、固体）产生振动，并以波的形式进行传播，人耳如果感觉到这种传播过来的振动，再反映到大脑，就意味着听到了声音。声音在不同介质中的传播速度和衰减率是不一样的，这两个因素导致了声音在不同介质中传播的距离不同。声音按频率可分为三种：次声波、可听声波和超声波。人类听觉的声音频率范围为 20Hz～20kHz，低于 20Hz 的为次声波，高于 20kHz 的为超声波。人说话的声音信号频率通常为 80Hz～3kHz，我们把在这种频率范围内的信号称为语音信号。频率范围又称为"频域"或"频带"，不同种类的声源其频带也不同，

不同声源的频带宽度差异很大。一般而言，声源的频带越宽表现力越好，层次越丰富。例如，调频广播的声音比调幅广播好、宽带音响设备的重放声音质量（10～40000Hz）比高级音响设备好，尽管宽带音响设备的频带已经超出人耳的可听域，但正是因为这一点，把人们的感觉和听觉充分调动起来，才产生了极佳的声音效果。

2．声音的方向

声音以振动波的形式从声源向四周传播，人类在辨别声源位置时，首先依靠声音到达左、右两耳的微小时间差和强度差异进行辨别，然后经过大脑综合分析而判断出声音来自何方。从声源直接到达人类听觉器官的声音叫做"直达声"，直达声的方向辨别最容易。但是，在现实生活中，森林、建筑、各种地貌和景物存在于我们周围，声音从声源发出后，须经过多次反射才能被人们听到，这就是"反射声"。就理论而言，反射声在很大程度上影响了方向的准确辨别。但令人惊讶的是，这种反射声不会使人类丧失方向感，在这里起关键作用的是人类大脑的综合分析能力。经过大脑的分析，不仅可以辨别声音的来源，还能丰富声音的层次，感觉声音的厚度和空间效果。

3．声音的三要素

声音的三要素是音调、音色和音强。就听觉特性而言，声音质量的高低主要取决于这三个要素。
（1）音调——代表了声音的高低。
音调与频率有关，频率越高，音调越高，反之亦然。人们都有这样的经验，提高电唱机

的转速时，唱盘旋转加快，声音信号的频率提高，其唱盘上声音的音调也提高了。同样，在使用音频处理软件对声音的频率进行调整时，也可明显感到音调随之而产生的变化。各种不同的声源具有自己特定的音调，如果改变了某种声源的音调，则声音会发生质的转变，使人们无法辨别声源本来的面目。

（2）音色——具有特色的声音。

声音分纯音和复音两种类型。所谓纯音，是指振幅和周期均为常数的声音；复音则是具有不同频率和不同振幅的混合声音，大自然中的声音大部分是复音。在复音中，最低频率的声音是"基音"，它是声音的基调。其他频率的声音称为"谐音"，也称为泛音。基音和谐音是构成声音音色的重要因素。各种声源都具有自己独特的音色，如各种乐器的声音、每个人的声音、各种生物的声音等，人们就是依据音色来辨别声源种类的。

（3）音强——声音的强度。

音强称为声音的响度，常说的"音量"就是指音强。音强与声波的振幅成正比，振幅越大，强度越大。唱盘、CD 激光盘及其他形式的声音载体中的声音强度是一定的，通过播放设备的音量控制，可改变聆听时的响度。如果要改变原始声音的音强，在把声音数字化以后，可使用音频处理软件提高音强。

4. 声音的频谱

声音的频谱有线性频谱和连续频谱之分。线性频谱是具有周期性的单一频率声波；连续频谱是具有非周期性的带有一定频带所有频率分量的声波。纯粹的单一频率的声波只能在专门的设备中创造出来，声音效果单调而乏味。自然界中的声音几乎全部属于非周期性声波，该声波具有广泛的频率分量，听起来声音饱满、音色多样、具有生气。

5. 声音的质量

声音的质量简称"音质"，音质的好坏与音色和频率范围有关。悦耳的音色、宽广的频率范围，能够获得非常好的音质。影响音质的因素还有很多，常见因素如下。

（1）对于数字音频信号，音质的好坏与数据采样频率和数据位数有关。采样频率越低，位数越少，音质越差。

（2）音质与声音还原设备有关。音响放大器和扬声器的质量直接影响重放的音质。

（3）音质与信号噪声比有关。在录制声音时，音频信号幅度与噪声幅度的比值越大越好，否则声音被噪声干扰，会影响音质。

6. 声音的连续时基性

声音在时间轴上是连续信号，具有连续性和过程性，属于连续时基性媒体形式。构成声音的数据前后之间具有强烈的相关性。除此之外，声音还具有实时性，这对处理声音的硬件和软件提出了很高的要求。

7.2.3 声音的数字化

声音是具有一定的振幅和频率且随时间变化的声波，通过话筒等转化装置可将其变成相应的电信号，但这种电信号是随时间连续变化的模拟信号，不能由计算机直接处理，必须先对其进行数字化，即将模拟的声音信号经过模数转换器（A/D）变换成计算机所能处理的数字声音信号，然后利用计算机存储、编辑或处理。现在几乎所有的专业化声音录制、编辑都是数字的。在数字声音回放时，由数模转换器（D/A）将数字声音信号转换为实际的模拟声波信号，经放大后由扬声器播出。把模拟声音信号转变为数字声音信号的过程称为声音的数字化，它是通过对声音信号进行采样、量化和编码来实现的，采样是在时间轴上对信号数字化，量化是在幅度轴上对信号数字化，编码是按一定格式记录采样和量化后的数字数据。

仅从数字化的角度考虑，声音数字化的主要技术指标如下。

1. 采样频率

采样频率又称取样频率，它是指将模拟声音波形转换为数字音频时，每秒钟所抽取声波幅度样本的次数。采样频率越高，则经过离散数字化的声波越接近于其原始的波形，声音的保真度越高，声音特征复原就越好，当然所需要的信息存储量也越大。目前通用的采样频率有三种，它们是 11.025kHz、22.05kHz 和 44.1kHz。

2. 量化位数

量化位数又称取样大小，它是每个采样点能够表示的数据范围。量化位数的大小决定了声音的动态范围，即被记录和重放的声音最高与最低之间的差值。当然，量化位数越高，声音还原的层次就越丰富，表现力越强，音质越好，但数据量也越大。例如，16 位量化，即是在最高音和最低音之间有 65536 个不同的量化值。

3. 声道数

声道数是指所使用的声音通道的个数，它表明声音记录只产生一个波形（即单音或单声道）还是两个波形（即立体声或双声道）。当然立体声听起来要比单音丰满优美，更能反映人的听觉感受。但需要两倍于单音的存储空间。

7.2.4 数字音频的质量与数据量

通过对上述影响声音数字化质量的三个因素的分析，可以得出声音数字化数据量的计算公式：

$$数据量（b/s）=采样频率（Hz）×量化位数（b）×声道数$$

根据上述公式，可以计算出不同的采样频率、量化位数和声道数的各种组合情况下的数据量。音质越好，音频文件的数据量越大，所以音频文件的数据量不容忽视。为了节省存储空间，通常在保证基本音质的前提下，尽量采用较低的采样频率。

7.2.5 数字音频文件的保存格式

数字音频数据以文件的形式保存在计算机里。数字音频的文件格式主要有 WAVE、MP3、WMA、MIDI 等。专业数字音乐工作者一般都使用非压缩的 WAVE 格式进行操作，而普通用户更乐于接受压缩率高、文件容量相对较小的 MP3 或 WMA 格式。

1. WAVE 格式

这是 Microsoft 和 IBM 公司共同开发的 PC 标准声音格式。由于它没有采用压缩算法，因此无论进行多少次修改和剪辑都不会失真，而且处理速度也相对较快。这类文件最典型的代表是 PC 上的 Windows PCM 格式文件，它是 Windows 操作系统专用的数字音频文件格式，扩展名为.wav，即波形文件。

标准的 Windows PCM 波形文件包含 PCM 编码数据，这是一种未经压缩的脉冲编码调制数据，是对声波信号数字化的直接表示形式，主要用于自然声音的保存与重放。其特点是：声音层次丰富、还原性好、表现力强，如果使用足够高的采样频率，其音质极佳。对波形文件的支持是迄今为止最为广泛的，几乎所有的播放器都能播放 WAVE 格式的音频文件，而电子幻灯片、各种算法语言、多媒体工具软件都能直接使用。Windows 下录音机录制的声音就是这种格式。但是波形文件数据量比较大，其数据量的大小直接与采样频率、量化位数和声道数成正比。

2. MP3 格式

MP3（MPEG Audio Layer 3）文件是按 MPEG 标准的音频压缩技术制作的数字音频文件，是一种有损压缩，它利用人耳对高频声音信号不敏感的特性，将时域波形信号转换成频域信号，并划分成多个频段，对不同的频段使用不同的压缩率，对高频加大压缩比（甚至忽略信号），对低频信号使用小压缩比，保证信号不失真。这就相当于抛弃人耳基本听不到的高频声音，只保留能听到的低频部分，从而将声音用 1∶10 甚至 1∶12 的压缩率压缩。由于这种压缩方式的全称为 MPEG Audio Layer3，因此人们简称它为 MP3。用 MP3 形式存储的音乐就称为 MP3 音乐，能播放 MP3 音乐的设备称为 MP3 播放器。

3. WMA 格式

WMA 是 Windows Media Audio 的缩写，表示 Windows Media 音频格式。WMA 文件是 Windows Media 格式的一个子集，而 Windows Media 格式是由 Microsoft Windows Media 技术使用的格式，包括音频、视频或脚本数据文件，可用于创作、存储、编辑、分发、流式处理或播放基于时间线的内容。

WMA 文件可以在保证只有 MP3 文件一半大小的前提下，保持相同的音质，现在的大多数 MP3 播放器都支持 WMA 文件。

4. MIDI 格式

严格地说，MIDI 与上面提到的声音格式不是同一族，因为它不是真正的数字化声音，而是一种计算机数字音乐接口生成的数字描述音频文件，扩展名是.mid。该格式文件本身并不记载声音的波形数据，而是将声音的特征——一系列指令，用数字形式记录下来。MIDI 音频文件主要用于计算机合成的声音的重放和处理，其特点是数据量小。

5. RA 格式

RA 是 Real Audio 的简称，是 Real network 公司推出的一种音频压缩格式，它的压缩比可达 96∶1，在网上比较流行。经过压缩的音乐文件可以在传输速率为 14.4kb/s 的用 Modem 上网的计算机中流畅回放。其最大特点是可以采用流媒体方式实现网上实时播放。

6. CD 格式

CD 是当今音质较好的音频格式，其文件后缀为.cda。标准 CD 格式也就是 44.1kb/s 的采样频率，传输速率 88.2KB/s，16 位量化位数。因为 CD 音轨是近似无损的，所以它的声音基本上是忠于原声的，CD 光盘可以在 CD 唱机中播放，也能用计算机中的各种播放软件来重放。一个 CD 音频文件是一个，*.cda 文件，它只记录索引信息，并不真正包含声音信息，所以不论 CD 音乐的长短，在计算机上看到的*.cda 文件的长度都是 44B。

7.3 多媒体视频处理技术基础

7.3.1 视频的基本概念

1. 视频信息

由于人眼的视觉暂留作用，在亮度信号消失后，亮度感觉仍可以保持短暂的时间。有人做过一个实验：在同一个房间中挂两盏灯，让两盏灯一个亮，一个灭，交替变化。当交替速度比较慢时，你会感觉到灯的亮、灭状态，但当这种交替速度达到每秒 30 次以上时，你的感觉就会完全变了。你看到的是一个光亮在你眼前来回摆动，实际上这是一种错觉，这种错觉是由于人眼的视觉暂留作用造成的。动态图像也正是由这一特性产生的。从物理意义上看，任何动态图像都由多幅连续的图像序列构成，每一幅图像保持一段显示时间，顺序地在眼睛感觉不到的速度（一般为 25～30 帧每秒）下更换另一幅图像，连续不断，就形成了动态图像的感觉。动态图像序列根据每一帧图像的产生形式，又分为不同的种类。当每一帧图像是人工或计算机产生的时候，被称为动画；当每一帧图像是通过实时获取的自然景物时，被称为动态影像视频或视频。

2. 模拟视频与数字视频的概念

按照视频信息存储与处理方式的不同，视频可分为模拟视频和数字视频两大类。

1）模拟视频

模拟视频是指每一帧图像是实时获取的自然景物的真实图像信号。我们在日常生活中看到的电视、电影都属于模拟视频的范畴。模拟视频信号具有成本低、还原性好等优点，视频画面往往给人一种身临其境的感觉。但它的最大缺点是，不论被记录的图像信号有多好，经过长时间的存放之后，信号和画面的质量将大大降低；或者经过多次复制之后，画面的失真会很明显。

（1）电视扫描。

在电视系统中，摄像端是通过电子束扫描，将图像分解成与像素对应的随时间变化的点信号，并由传感器对每个点进行感应。在接收端，则以完全相同的方式利用电子束从左到右，从上到下地扫描，将电视图像在屏幕上显示出来。扫描分为隔行扫描和逐行扫描两种。在逐行扫描中，电子束从显示屏的左上角一行接一行地扫描到右下角，在显示屏上扫描一遍就显示一幅完整的图像。

在隔行扫描中，电子束扫描完第 1 行后，从第 3 行开始的位置继续扫描，再分别扫描第 5，7，…直到最后一行为止。所有的奇数行扫描完后，再使用同样的方式扫描所有的偶数行。这时才构成一幅完整的画面，通常将其称为帧。由此看出，在隔行扫描中，一帧需要奇数行和偶数行两部分组成，我们分别将它们称为奇数场和偶数场，也就是说，要得到一幅完整的图像需要扫描两遍。

为了更好地理解电视的工作原理，下面简要说明几个常用术语。

① 帧：是指一幅静态的电视画面。

② 帧频：电视机工作时每秒显示的帧数，对 PAL 制式的电视，帧频是 25 帧每秒。

③ 场频：指电视机每秒所能显示的画面次数，单位为赫兹（Hz）。场频越大，图像刷新的次数越多，图像显示的闪烁就越小，画面质量越高。

④ 行频：指电视机中的电子枪每秒钟在屏幕上从左到右扫描的次数，又称屏幕的水平扫描频率，以 kHz 为单位。行频越大，分辨率越高，显示效果越好。

⑤ 分解率（清晰度）：用每秒钟垂直方向的行扫描数和水平方向的列扫描数来表示。分解率越大，电视画面越清晰。

（2）电视制式。

所谓电视制式，实际上是一种电视显示的标准。不同的制式，对视频信号的解码方式、色彩处理方式及屏幕扫描频率要求都有所不同，因此如果计算机系统处理的视频信号的制式与连接的视频设备的制式不同，在播放时，图像的效果就会有明显下降，甚至根本无法播放。

① NTSC 制式。NTSC（National Television System Committee，国家电视制式委员会）是 1953 年由美国研制成功的一种兼容的彩色电视制式。它规定每秒 30 帧，每帧 526 行，水平分辨率为 240～400 个像素点，隔行扫描，扫描频率 60Hz，宽高比例 4∶3。北美、日本等一些国家使用这种制式。

② PAL 制式。PAL（Phase Alternate Line，相位逐行交换）是前联邦德国 1962 年制定的一种电视制式。它规定每秒 25 帧，每帧 625 行，水平分辨率为 240～400 个像素点，隔行扫描，扫描频率 50Hz，宽高比例 4∶3。我国和西欧大部分国家都使用这种制式。

③ SECAM 制式。SECAM（SEquential Colour Avec Memorie，顺序传送彩色存储）是法国 1965 年提出的一种标准。它规定每秒 25 帧，每帧 625 行，隔行扫描，扫描频率 50Hz，宽高比例 4∶3。其上述指标均与 PAL 制式相同，不同点主要在于色度信号的处理上。法国、俄罗斯、非洲地区使用这种制式。

④ HDTV。HDTV（High Definition TV，高清电视），它是目前正在蓬勃发展的电视标准，尚无完全统一。但一般认为：宽高比例 16∶9，每帧扫描在 1000 行以上，采用逐行扫描方式，有较高扫描频率，传送信号全部数字化。

2）数字视频

数字视频基于数字技术记录视频信息。可以通过视频采集卡将模拟视频信号经 A/D（模/数）转换成数字视频信号，转换后的数字信号采用数字压缩技术存入计算机存储器中就成了数字视频。数字视频与模拟视频相比有如下特点。

● 可以不失真地进行多次复制。
● 便于长时间存放，不会有任何的质量变化。
● 可以方便地进行非线性编辑并可增加特技效果等。
● 数据量大，在存储与传输过程中必须进行压缩编码。

7.3.2 视频信息的数字化

随着多媒体技术的发展，计算机不但可以播放视频信息，而且还可以编辑、处理视频信息，这为有效地控制视频信息，并对视频节目进行二次创作提供了高效的工具。

1. 视频信息的获取

获取数字视频信息主要有两种方式：①将模拟视频信号数字化，即在一段时间内以一定的速度对连续的视频信号进行采集，然后将数据存储起来。使用这种方法需要拥有录像机、摄像机及一块视频捕捉卡。录像机和摄像机负责采集实际景物，视频卡负责将模拟视频信息数字化。②利用数字摄像机拍摄实际景物，从而直接获得无失真的数字视频信号。

2. 视频卡的功能

视频卡是指 PC 上用于处理视频信息的设备卡，其主要功能是将模拟视频信号转换成数字化视频信号或将数字信号转换成模拟信号。在计算机上，通过视频卡可以接收来自视频输入端（录像机、摄像机和其他视频信号源）的模拟视频信号，对该信号采集、量化成数字信号，然后压缩编码成数字视频序列。大多数视频卡都具备硬件压缩功能，在采集视频信号时首先在卡上对视频信号进行压缩，然后才通过 PCI 接口把压缩的视频数据传送到主机上。一般的视频卡采用帧内压缩算法把数字化的视频存储成 AVI 文件，高档视频卡还能直接把采集到的数字视频数据实时压缩成 MPEG-1 格式的文件。

模拟视频输入端可以提供不间断的信息源，视频卡要求采集模拟视频序列中的每帧图像，并在采集下一帧图像之前把这些数据传入计算机系统。因此，实现实时采集的关键是每一帧所需的处理时间。如果每帧视频图像的处理时间超过相邻两帧之间的相隔时间，则会出现数据丢失，即出现丢帧现象。视频卡都是把获取的视频序列先进行压缩处理，然后再存入硬盘，一次性完成视频序列获取和压缩，避免了再次进行压缩处理的不便。

3. 视频卡的分类

（1）视频采集卡。用于将摄像机、录像机等设备播放的模拟视频信号经过数字化采集到计算机中。

（2）压缩/解压缩卡。用于将静止和动态的图像按照 JPEG/MPEG 标准进行压缩或还原。

（3）视频输出卡。用于将计算机中加工处理的数字视频信息转换成编码，并输出到电视机或录像机等设备上。

（4）电视接收卡。用于将电视机中的节目通过该卡的转换处理，在计算机的显示器上播放。

7.3.3 视频文件格式

视频文件格式一般与标准有关，如 AVI 格式与 Video for Window 有关，MOV 格式与 QuickTime 有关，而 MPEG 和 VCD 则有自己的专有格式。

1. AVI 文件格式

AVI（Audio Video Interleaved）是一种将视频信息与同步音频信号结合在一起存储的多媒体文件格式。它以帧为存储动态视频的基本单位。在每一帧中，都是先存储音频数据，再存储视频数据。整体看起来，音频数据和视频数据相互交叉存储。播放时，音频流和视频流交叉使用处理器的存取时间，保持同期同步。通过 Windows 的对象链接与嵌入技术，AVI 格式的动态视频片段可以嵌入到任何支持对象链接与嵌入的 Windows 应用程序中。

2. MOV 文件格式

MOV 文件格式是 QuickTime 视频处理软件所选用的视频文件格式。

3. MPEG 文件格式

它是采用 MPEG 方法进行压缩的全运动视频图像文件格式。目前许多视频处理软件都支持该格式，如"超级解霸"软件。

4. DAT 文件格式

它是 VCD 和卡拉 OK、CD 数据文件的扩展名，是基于 MPEG 压缩方法的一种文件格式。

5. DivX 文件格式

这是由 MPEG-4 衍生出的另一种视频编码（压缩）标准，就是通常所说的 DVDrip。它在采用 MPEG-4 压缩算法的同时又综合了 MPEG-4 与 MP3 各方面的技术，即使用 DivX 压缩技术对 DVD 盘片的视频图像进行高质量压缩，同时用 MP3 或 AC3 对音频进行压缩，然后再将视频与音频合成并加上相应的外挂字幕文件而形成视频文件格式。该格式的画质接近于 DVD 的画质，并且数据量只有 DVD 的数分之一。它的文件扩展名是".m4v"。

6. Microsoft 流式视频格式

Microsoft 流式视频格式主要有 ASF 和 WMV 两种格式，它是一种在国际互联网上实时传播多媒体数据的技术标准。用户可以直接使用 Windows 自带的 Windows Media Player 对其进行播放。

（1）ASF（Advanced Streaming Format）。它使用 MPEG-4 压缩算法。如果不考虑网上传播因素，只选择最好的质量来压缩，则其生成的视频文件质量优于 VCD；如果考虑在网上即时观赏视频"流"的需要，则其图像质量比 VCD 差一些，但比同是视频"流"格式的 RM 格式要好。它的主要优点是，本地或网络回放、可扩充的媒体类型、部件下载以及扩展性等。它的文件扩展名是".asf"。

（2）WMV（Windows Media Video）。它是一种采用独立编码方式且可直接在网上实时观看视频节目的文件压缩格式。在同等视频质量下，WMV 格式体积非常小，很适合在网上播放和传输。同样是 2 小时的 HDTV 节目，如果使用 MPEG-2 最多只能压缩至 30GB，而用 WMV 高压缩率编码器，则在画质丝毫不降低的前提下，可以压缩到 15GB 以下。它的主要优点是，本地或网络回放、可扩充的媒体类型、部件下载、流的优先级化、多语言支持、环境独立性、丰富的流间关系及扩展性等。它的文件扩展名是".wmv"。

7. Real Video 流式视频格式

Real Video 是由 RealNetworks 公司开发的一种新型、高压缩比的流式视频格式，主要在低速率广域网上实时传输活动视频影像。可以根据网络数据传输速率的不同而采用不同的压缩比率，从而实现影像数据的实时传输与实时播放。虽然画质稍差，但出色的压缩效率和支持流式播放的特征，使其广泛应用在网络和娱乐场合。

（1）RM（Real Media）。用户使用 Realplayer 或 RealOne Player 播放器，可以在不下载音频/视频内容的条件下实现在线播放 RM 格式文件。另外，作为目前主流网络视频格式，还可通过其 RealServer 服务器将其他格式的视频转换成 RM 视频，其文件扩展名是".rm"。

（2）RMVB（Real Media Variable Bit Rate）。它是一种由 RM 视频格式升级的新视频格式，称为可变比特率（Variable Bit Rate）的 RM 格式。它的先进之处在于，改变了 RM 视频格式平均压缩采样的方式，对静止和动作场面少的画面场景采用较低的编码速率；而在出现快速运动的画面场景时，采用较高的编码速率，从而在保证大幅度提高图像画面质量的同时，数据量并没有明显增加。一部 700MB 左右的 DVD 影片，如果将其转录成同样视听品质的 RMVB 格式文件，数据量最多也就是 400MB 左右。不仅如此，这种视频格式还具有内置字幕和不需要外挂插件支持等独特优点。如果要播放这种视频格式的文件，可以使用 RealOne Player 2.0 或 RealVideo 9.0 以上版本的解码器。其文件扩展名是 ".rmvb"。

7.4 Photoshop 图像基础

　　21 世纪是一个充满信息的时代，图像作为人类感知世界的视觉基础，是人类获取信息、表达信息和传递信息的重要手段。Photoshop CS4 是 Adobe 公司旗下最为著名的图像处理软件之一，是一款集图像编辑、图像制作、图像输入与输出等功能于一体的图形图像处理软件。因其无所不能而被广泛应用于平面设计、插画设计、数码照片处理、广告制作，以及最新的 3D 效果制作等领域。Photoshop 图像作品欣赏如图 7-1～图 7-4 所示。

图 7-1　作品一

图 7-2　作品二

图 7-3　作品三

图 7-4　作品四

┃本节导读

- ▶ 掌握图形和图像的区别
- ▶ 了解各种常用的图形图像格式
- ▶ 初步掌握图像色彩与色调的调整
- ▶ 掌握图层、蒙版和滤镜的操作

7.4.1　图像基础知识

图像作为多媒体技术中重要媒体之一，我们以 Photoshop CS4 为例介绍图像处理涉及的图像基本知识。

1. 位图与矢量图

位图图像又称为栅格图像，它使用图片元素的矩形网格即像素来表现图像。每个像素都分配有特定的位置和颜色值。位图图像与分辨率有关。因此，如果在屏幕上以高缩放比率对它们进行缩放，则将丢失其中的细节，并会呈现出锯齿。

矢量图形又称为矢量形状或矢量对象，是由称为矢量的数学对象定义的直线和曲线构成的。矢量图形与分辨率无关，即当调整矢量图形的大小，矢量图形都将保持清晰的边缘。

2. 像素与分辨率

像素是构成图像的最基本的单位，是一种虚拟的单位。

分辨率是指位图图像中的细节精细度，测量单位是像素/英寸。每英寸的像素越多，分辨率越高，得到的印刷图像的质量就越好。

3. 色彩模型

1）RGB 模式

RGB 是色光的色彩模式。R 代表红色，G 代表绿色，B 代表蓝色，三种色彩叠加形成了其他的色彩。因为三种颜色都有 256 个亮度水平级，所以三种色彩叠加就形成 1670 万种颜色了。就编辑图像而言，RGB 色彩模式也是最佳的色彩模式，因为它可以提供全屏幕的 24bit 的色彩范围，即真彩色显示。

2）CMYK 模式

CMYK 代表印刷上用的四种颜色，C 代表青色，M 代表洋红色，Y 代表黄色，K 代表黑色。CMYK 模式是最佳的打印模式。

3）Lab 模式

Lab 模式既不依赖光线，也不依赖于颜料，它是 CIE 组织确定的一个理论上包括了人眼可以看见的所有色彩的色彩模式。Lab 模式由三个通道组成，一个通道是亮度即 L，另外两个是色彩通道，用 a 和 b 来表示。当你将 RGB 模式转换成 CMYK 模式时，Photoshop 将自动将 RGB 模式转换为 Lab 模式，再转换为 CMYK 模式。在表达色彩范围上，处于第一位的是 Lab 模式，第二位的是 RGB 模式，第三位是 CMYK 模式。

4）HSB 模式

HSB 模式中，H 表示色相，S 表示饱和度，B 表示亮度。

色相：是纯色，即组成可见光谱的单色。红色在 0 度，绿色在 120 度，蓝色在 240 度。它基本上是 RGB 模式全色度的饼状图。

饱和度：表示色彩的纯度，为 0 时为灰色。白、黑和其他灰色色彩都没有饱和度。在最大饱和度时，每一色相具有最纯的色光。

亮度：是色彩的明亮度。为 0 时即为黑色。最大亮度是色彩最鲜明的状态。

5）Indexed 模式

Indexed 模式就是索引颜色模式，也称为映射颜色。在这种模式下，只能存储一个 8bit 色彩深度的文件，即最多 256 种颜色，而且颜色都是预先定义好的。一幅图像所有的颜色都在它的图像文件里定义，也就是将所有色彩映射到一个色彩盘里，这就称为色彩对照表。因此，当打开图像文件时，色彩对照表也一同被读入了 Photoshop 中，Photoshop 由色彩对照表找到最终的色彩值。

6）GrayScale 模式

灰色也是彩色的一种，也有绚丽的一面。灰度文件是可以组成多达 256 级灰度的 8bit 图像，亮度是控制灰度的唯一要素。亮度越高，灰度越浅，越接近于白色；亮度越低，灰度越深，就越接近于黑色。因此，黑色和白色包括在灰度之中，它们是灰度模式的一个子集。

4．文件存储格式

1）PSD 格式

PSD 格式是 Photoshop 的默认图像存储格式，能完整保留图层、通道、路径、蒙版等信息。

2）GIF 格式

GIF 格式可以极大地节省存储空间，因此常常用于保存作为网页数据传输的图像文件。该格式不支持 Alpha 通道，最大缺点是最多只能处理 256 种色彩，不能用于存储真彩色的图像文件。但 GIF 格式支持透明背景，可以较好地与网页背景融合在一起。

3）JPEG 格式

JPEG 格式是一个最有效、最基本的有损压缩格式，被绝大多数的图形处理软件所支持。其最大特色就是文件比较小，经过高位率的压缩，是目前所有格式中压缩率最高的格式，但是 JPEG 格式在压缩保存的过程中会以失真方式丢掉一些数据，因而保存后的图像与原图有所差别，没有原图像的质量好。因此，一般印刷品不推荐使用此图像格式。

4）PNG 格式

PNG 格式可用于网络图像。但它不同于 GIF 格式图像只能保存 256 色，PNG 格式可以保存 24 位的真彩色图像，并且支持透明背景和消除锯齿边缘的功能，可以在不失真的情况下压缩保存图像。PNG 格式文件在 RGB 和灰度模式下支持 Alpha 通道，但在索引颜色和位图模式下不支持 Alpha 通道。

5）BMP 格式

BMP 格式图像文件是一种 Windows 标准的位图图像图形文件格式。它支持 RGB、索引颜色、灰度和位图颜色模式，但不支持 Alpha 通道。

6）TIFF 格式

TIFF 格式可以在许多图像软件和平台之间转换，是一种灵活的位图图像格式。TIFF 格式支持 RGB、CMYK 和灰度 3 度颜色模式中还支持使用通道、图层和路径的功能。

7.4.2　Photoshop 软件基础

Photoshop CS4 版本较之前版本主要新增了诸如 3D 功能、调整面板、蒙版面板、旋转视图工具、内容识别比例命令、自动对齐图层等一些功能，同时也新增了强大的打印选项。本节就以 Photoshop CS4 为例，对软件基本应用作介绍。

1．软件基本操作

1）启动

单击 Windows 桌面左下角任务栏中的开始按钮，在弹出的菜单中选择"所有程序"→

"Adobe Photoshop CS4"命令，即可启动该软件。如果桌面上有 Photoshop CS4 软件程序的快捷方式图标 Ps，可双击该图标。

2）退出

单击 Photoshop CS4 界面窗口右侧的【关闭】按钮 ✕，即可退出 Photoshop CS4。也可执行"文件"→"退出"命令或者按【Ctrl+Q】、【Alt+F4】等快捷键退出 Photoshop CS4 应用程序。

2．软件工作界面

Photoshop CS4 除新增诸多功能外，工作界面也进行了很大改进，图像处理区域更为开阔，文档切换也变得更加灵活。其工作界面按功能划分主要分为菜单栏、标题栏、工具箱、工具选项栏、调板区、图像窗口、状态栏等几个部分，如图 7-5 所示。

图 7-5　软件工作界面

3．软件工具箱

Photoshop CS4 软件工具箱的默认位置位于界面窗口的左侧，包含 Photoshop CS4 的各种图形绘制和图像处理工具。绝大多数工具按钮的右下角带有黑色的小三角形，表示该工具是个工具组，还有其他同类隐藏的工具，将鼠标光标放置在这样的按钮上单击鼠标右键，即可将隐藏的工具显示出来。图 7-6 显示了工具箱中所有的工具。

4．图像文件的基本操作

1）新建文件

执行"文件"→"新建"命令（快捷键为【Ctrl+N】），会弹出如图 7-7 所示的"新建"对话框，在此对话框中可以设置新建文件的名称、尺寸、分辨率、颜色模式、背景内容和颜色配置文件等。单击【确定】按钮后即可新建一个图像文件。

在处理图像之前创建一个合适大小的文件至关重要，除尺寸设置要合理外，分辨率的设置也要合理。图像分辨率的正确设置应考虑图像最终发布的媒介，通常对一些有特别用途的图像，分辨率都有一些基本的标准。

● Photoshop 默认分辨率为 72 像素/英寸，这是满足普通显示器的分辨率。

- 发布于网页上的图像分辨率通常可以设置为 72 像素/英寸或者 96 像素/英寸。
- 报纸图像通常设置为 120 像素/英寸或者 150 像素/英寸。
- 彩版印刷图像通常设置为 300 像素/英寸。
- 大型灯箱图像一般不低于 30 像素/英寸。

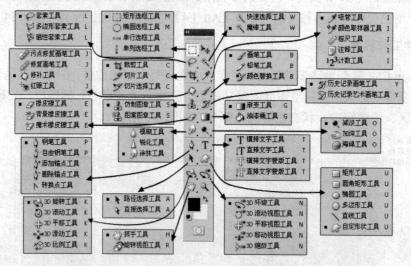

图 7-6　工具箱

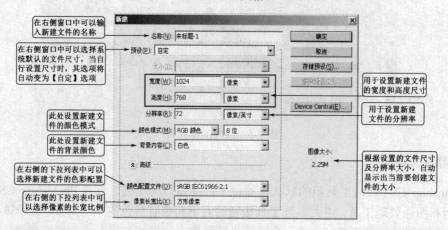

图 7-7　软件工作界面

2）打开文件

执行"文件"→"打开"命令（快捷键为【Ctrl+O】）或直接在工作区中双击，会弹出"打开"对话框，利用此对话框可以打开计算机中存储的各种格式的图像文件。

3）存储文件

在 Photoshop CS4 中，将打开的图像文件编辑后再存储时，就应该正确区分"存储"和"存储为"命令的不同。

"存储"命令快捷键为【Ctrl+S】，是在覆盖原文件的基础上直接进行存储，不弹出"存储为"对话框；

"存储为"命令快捷键为【Shift+Ctrl+S】，仍会弹出"存储为"对话框，它是在原文件不变的基础上可以将编辑后的文件重新命名另存储。

4）图像的查看

使用抓手工具、缩放工具、缩放命令和导航器调板等可以按照不同的放大倍数查看图像的不同区域。

7.4.3 图层基础与应用

图层就如一张张的透明纸，在不同的纸上绘制不同的图像，再叠加起来可以构成一个复杂的图像，而且对某一图层进行修改不影响其他图层。图层是有上下顺序的，若上层无任何图像，对下层无影响，若上层有图像，重叠的部分，会遮住下层的图像。因此图层的作用在于独立控制和管理图像中的各个部分，如图 7-8 所示。

图层3
图层2
图层1

背景图层

图 7-8　图层概念

1. 图层类型与操作

1）图层类型

Photoshop 软件中图层主要分为背景图层、普通图层、蒙版层、填充/调整图层、文字图层、形状图层、图层组。

- 背景图层：位于图像最底层。若要将背景层转化为普通层，可以通过双击背景图层缩览图，调出"图层属性"对话框。单击【确定】按钮，即可将背景图层转换为普通图层。
- 普通图层：主要功能是存放和绘制图像，普通图层可以有不同的透明度。若普通图层要转化为背景层，可以执行"图层"→"新建"→"图层背景"命令，即可将普通图层转换为背景图层。
- 填充/调整图层：主要用于存放图像的色彩调整信息。
- 文字图层：文字在 Photoshop 中是一种矢量图形，矢量图形是不能按位图图像进行处理的，除非将其转化为位图图像。将文字图层转化为普通图层的过程称之为"栅格化文字"，但文字一旦栅格化就无法再进行修改和编辑了。
- 形状图层：使用"形状工具"或"钢笔工具"可以创建形状图层。形状中会自动填充当前的前景色，但也可以通过其他方法对其进行修饰。形状的轮廓存储在链接到图层的矢量蒙版中。

2）新建图层

用户如果要自己创建一个空白图层，可使用以下一些方法。

- 方法一：执行"图层"→"新建"→"图层"命令。
- 方法二：单击图层调板菜单，在弹出菜单中选择"新建图层"命令，打开"新建图层属性"对话框，确定即可。

● 方法三：单击图层调板下方的"创建新图层"按钮，直接新建一个空白的普通图层。

3）复制图层

在同一幅图像中若要复制图层，操作方法如下。

● 方法一：在图层控制面板中，单击所需复制的图层，拖动该图层到图层控制面板下方的"创建新图层"按钮。
● 方法二：在图像窗口中选中"移动"工具，按下【Alt】键，当鼠标变成双箭头时，就可以拖动图层进行复制了。
● 方法三：在图层控制面板中，右击所需复制的图层，执行"复制图层"命令，再复制。

4）删除图层

● 方法一：在图层调板中选中所需删除图层，拖动到调板下方的垃圾箱按钮上。
● 方法二：右击所需删除的图层，在图层调板菜单中，执行"删除图层"命令。

5）调整图层顺序

● 方法一：选中所需移动的图层，用鼠标直接拖动到目标位置。
● 方法二：执行"图层"→"排列"菜单下的相应命令。

6）锁定图层

Photoshop 提供了图层锁定功能，让用户通过全部或部分地锁定图层来避免有时在编辑图像的过程中不小心会破坏的图层内容。当图层完全锁定时，锁形图标是实心的；当图层部分锁定时，锁图标是空心的。

7）选择图层

● 选择单个图层：使用鼠标左键单击，图层成蓝色显示。
● 选择多个连续的图层：先选择第一个，按住【Shift】键选择最后一个图层。
● 选择多个不连续的图层：按住【Ctrl】键单击。

8）图层合并

● 单击图层调板菜单，在弹出菜单中选择，向下合并（Ctrl+E）、合并所见图层（Ctrl+Shift+E）、拼合图层。拼合图层会提示是否扔掉隐藏图层，将可见图层合并至背景层。合并和拼合图层时，图层样式和蒙版将被应用而后删除，文字被栅格化。
● 盖印图层：就是将处理后的效果盖印到新的图层上，其功能和合并图层差不多，但盖印是重新生成一个新的图层而不影响之前所处理的图层，因此更为实用。一旦感觉之前处理的效果不满意，可以直接删除盖印图层，而之前处理效果的图层依然还在。方便我们处理图片，也可以节省时间。选择多个图层，按【Ctrl+Alt+E】组合键，可以盖印多个图层或链接的图层；选择任意一个图层或组，按【Shift+Ctrl+Alt+E】组合键，可以盖印所有可见图层。

2. 图层混合模式

图层的混合模式决定了进行图像编辑时，当前选定的绘图颜色如何与图像原有的基色进行混合，或当前层如何与下面的层进行色彩混合。使用混合模式可以创建各种特殊效果。图层混合模式可以在"图层"面板左上角的"图层属性设置区"的混合模式下拉菜单中选择。Photoshop 提供了 25 种混合模式。在设置混合效果时有时还需设置图层的不透明度。

1）基础型混合模式

此类混合模式包括"正常"和"溶解"，其共同点在于都是利用图层的不透明度及填充不透明度来控制与下面的图像进行混合的。

2）降暗图像型混合模式（减色模式）

此类包括"变暗"、"正片叠底"、"颜色加深"、"线性加深"、"深色"，主要用于滤除图像中的亮调图像，从而达到使图像变暗的目的。

3）提亮图像型混合模式（加色模式）

此类包括"变亮"、"滤色"、"颜色减淡"、"线性减淡"、"浅色"5 种混合模式。与上面的变暗型混合模式刚好相反，此类混合模式主要用于滤除图像中的暗调图像，从而达到使图像变亮的目的。

4）融合图像型混合模式

此类包括"叠加"、"柔光"、"强光"、"亮光"、"线性光"、"点光"、"实色混合"。主要用于不同程度的对上、下两图层中的图像进行融合。另外，此类混合模式还可以在一定程度上提高图像的对比度。

5）变异图像型混合模式

此类混合模式包括"差值"、"排除"主要用于制作各种变异图像效果。

6）色彩叠加型混合模式

此类包括"色相"、"饱和度"、"色彩"、"亮度"。主要是依据图像的色相、饱和度等基本属性，完成图像之间的混合。

3. 图层样式

图层样式是应用于一个图层或图层组的一种或多种效果。Photoshop 提供了不同的图层混合选项即图层样式，有助于为特定图层上的对象应用效果。可以应用 Photoshop 附带提供的某一种预设样式，或者使用"图层样式"对话框来创建自定样式。Photoshop 有以下 10 种不同的图层样式。

1）投影样式

该样式将为图层上的对象、文本或形状后面添加阴影效果。

2）内阴影样式

该样式将在对象、文本或形状的内边缘添加阴影，让图层产生一种凹陷外观，内阴影效果对文本对象效果更佳。

3）外发光样式

该样式将图层对象、文本或形状的边缘向外添加发光效果，类似玻璃物体发光的效果。

4）内发光样式

该样式将从图层对象、文本或形状的边缘向内添加发光效果。参数设置同外发光样式。

5）斜面和浮雕样式

该样式为图层添加高亮显示和阴影的各种组合效果 。样式又细分为外斜面、内斜面、浮雕、枕形浮雕和描边浮雕。

6）光泽样式

该样式将对图层对象内部应用阴影，与对象的形状互相作用，通常创建规则波浪形状，产生光滑的磨光及金属效果。

7）颜色叠加样式

该样式将在图层对象上叠加一种颜色，即用一层纯色填充到应用样式的对象上。

8）渐变叠加样式

该样式将在图层对象上叠加一种渐变颜色，即用一层渐变颜色填充到应用样式的对象上。通过"渐变编辑器"还可以选择使用其他的渐变颜色。

9）图案叠加样式

该样式将在图层对象上叠加图案，即用一致的重复图案填充对象。从"图案拾色器"还可以选择其他的图案。

10）描边样式

该样式使用颜色、渐变颜色或图案描绘当前图层上的对象、文本或形状的轮廓，对于边缘清晰的形状（如文本），这种效果尤其有用。

注意菜单"编辑"→"描边"与图层样式中"描边"的区别。

- 相同之处：两者都不能给背景图层描边，都可以用单色给整幅图像进行描边。
- 不同之处：图层样式中的"描边"无法给选区进行描边。针对选区，只有"编辑"→"描边"可以进行相应的操作。然后，图层样式中的"描边"还可以使用渐变、图案等进行描边。

4. 蒙版

Photoshop 的蒙版是用来保护图像的任何区域不受编辑的影响，并能使对它的编辑操作作用到它所在的图层，从而在不改变图像信息的情况下得到实际的处理结果。它将不同的灰度值转化为不同的透明度，与色彩没有关系，范围从 0～100，黑色（即保护区域）为完全透明不可见，白色为完全不透明，不同的灰度对应不同的透明度，使受其作用图层上的图像产生相对应的透明效果。当基于一个选区创建蒙版时，没有选中的区域将成为被蒙版蒙住的区域，也就是被保护的区域，可防止被编辑或修改。

1）快速蒙版

按【Q】键可在标准模式和快速蒙版模式之间切换。在快速蒙版模式下，Photoshop 自动转换成灰阶模式，前景色为黑色，背景色为白色（可按 X 键，交换前景色和背景色）。使用画笔、铅笔、历史笔刷、橡皮擦、渐变等绘图和编辑工具来增加和减少蒙版面积来确定选区。用黑色绘制时，显示为红"膜"，该区域不被选中，即增加蒙版的面积被保护。用白色绘制时，红"膜"被减少，该区域被选中，即减小蒙版的面积。用灰色绘制，该区域被羽化，有部分被选中。通过快速蒙版可创建诸多特殊效果。

2）剪贴蒙版

使用基底图层的形状来显示上层图层的内容。剪贴蒙版中只能包括连续图层。

- 创建剪贴蒙版：选择图层菜单，"图层"→"剪贴蒙版"创建。快捷键为【Alt+Ctrl+G】，在图层面板上，按【Alt】键单击两层之间的边界线亦可。
- 释放剪贴蒙版：按【Alt】键，单击两层之间的边界线即可。

3）矢量蒙版

矢量蒙版是通过"钢笔"工具或形状工具创建的蒙版。使用矢量蒙版可以创建分辨率较低的图像，并且可以使图层内容与底层图像中间的过渡拥有光滑的形状和清晰的边缘。一旦为图层添加了矢量蒙版，还可以应用图层样式为蒙版内容添加图层效果，用于创建各种风格的按钮、面板或其他的 Web 设计元素。要创建矢量蒙版，可以在选中图层后，单击"蒙版"面板中的【矢量蒙版】按钮，然后使用"钢笔"工具或形状工具在图层中绘制形状。

4）图层蒙版

在带有蒙版的图像组合层中，右边的图层是蒙版，它是基于灰阶的图层蒙版，其中为白色的部分会显示左边普通图层中相对应的区域；黑色的部分是蒙版，隐藏遮盖左边普通图层中相对应的区域。灰色区域相对应的区域显示为半透明。图层蒙版对图层的影响是非破坏性的，随时可以取消蒙版效果或重新编辑蒙版效果，而不会影响图像的像素。

● 添加图层蒙版

在添加图层蒙版时，需要确定是要隐藏还是显示所有图层，也可以在创建蒙版之前建立选区，通过选区使创建的图层蒙版自动隐藏部分图层内容。在【图层】面板中选择需要添加蒙版的图层后，单击面板底部的【添加图层蒙版】按钮，或选择"图层"→"图层蒙版"→"显示全部"或"隐藏全部"命令即可创建图层蒙版。

● 蒙版编辑

蒙版的开与关：按【Alt】键单击"图层蒙版缩略图"，显示蒙版；再次按【Alt】键单击看到图像。

暂时停用蒙版或剪贴路径的蒙版：按【Shift】键单击"蒙版缩略图"；再次按【Shift】键单击则返回。

删除蒙版：右键单击"图层蒙版缩略图"可在快捷菜单中选择"删除图层蒙版"。

5. 滤镜

为了丰富照片的图像效果，摄影师们在照相机的镜头前加上各种特殊影片，这样拍摄得到的照片就包含了所加镜片的特殊效果，即称为"滤色镜"。特殊镜片的思想延伸到计算机图像处理技术中，便产生了"滤镜"。滤镜遵循一定的程序算法，对图像中像素的颜色、亮度、饱和度、对比度、色调、分布、排列等属性进行计算和变换处理，其结果便是使图像产生特殊效果。滤镜具体分类可通过"滤镜"菜单查看。

7.5 Photoshop 项目实训

7.5.1 项目一：制作锅盖移位图像效果

实训目的：利用常用工具实现图像移动、修复等基本处理。

要求：掌握套索工具、移动工具、画笔工具、油漆桶工具等常用工具的基本使用。

具体操作步骤如下。

（1）启动 Photoshop CS4 软件，打开素材图像"项目一/锅盖.png"。双击背景图层转换为图层 0。

（2）在工具箱上选择"磁性套索工具"，单击鼠标创建锅盖选区，如图 7-9 所示。

（3）在工具箱上选择"移动工具"，按住鼠标左键移动锅盖到右侧，适当调整以盖在锅上如图 7-10 所示。

（4）单击【Ctrl+D】快捷键取消选区的选择，在工具箱中选择"吸管工具"，在图像任意位置单击吸取黄色，使前景色变为黄色。

（5）在工具箱中选择"油漆桶工具"，在原锅盖被剪切位置单击鼠标左键填充黄色，如图 7-11 所示。

图 7-9　磁性套索工具

图 7-10　移动选区

（6）在工具箱中选择"画笔工具"，在工具选项栏上设置画笔笔尖为"柔角 27 像素"，在锅盖轮廓白线边缘处涂抹修复图像颜色，如图 7-12 所示。最终实现锅盖移位的效果。

图 7-11　油漆桶工具

图 7-12　画笔工具

7.5.2　项目二：制作人物美化图像效果

实训目的：利用基本常用工具实现图像修复、红眼去除、美化等处理。

要求：掌握修复画笔工具组使用，图层不透明度的设置。

具体操作步骤如下。

（1）启动 Photoshop CS4 软件，打开素材图像"项目二/人像.png"。

（2）在工具箱中选择"污点修复画笔工具"，设置画笔直径为 30 像素，其余参数使用默认值。移动鼠标在图像最右侧一个污点区进行涂抹便可去除污点，如图 7-13 所示。

（3）在工具箱中选择"修补工具"，修补选项选"源"，单击鼠标左键圈出左侧一块污点移动到右侧区域，如图 7-14 所示，选区内图像得到修补。

按【Ctrl+D】快捷键取消选区的选择，在工具箱中选择"红眼工具"，利用【Ctrl+"+"】快捷键放大图像，单击鼠标左键在人像眼球上拖出区域选中红眼部分，松开鼠标即可。对另一红眼重复操作，如图 7-15 所示。

（4）单击图层面板下方"创建新图层"按钮，新建图层一，前景色设置颜色为#f65fe6，工具箱上选择"画笔工具",放大图像,适当调整画笔直径大小,在人物唇部涂抹玫红色,设置图层不透明度为25%,为人物添加唇彩,如图7-16所示。可利用橡皮擦工具适当擦除超出部分。最后修复图像获得美化后的人像效果。

图 7-13　污点修复画笔工具

图 7-14　修补工具

图 7-15　红眼工具

图 7-16　画笔工具及不透明度设置

7.5.3　项目三:制作图案填充文字效果

实训目的:利用文字工具、图层样式创建图案叠加文字。

要求:掌握文字工具、图层样式的基本应用。

具体操作步骤如下。

(1)将字体文件"项目三/文鼎花瓣体"复制到"C:\WINDOWS\fonts"文件夹下。

(2)打开素材图像"项目三/图案素材.jpg",单击"编辑"→"定义图案"命令,弹出图案名称对话框,采用默认名称,将图案素材添加到图案库中,如图7-17所示。

(3)打开素材图像"项目三/花瓣.jpg",在工具箱上选择"横排文字工具",字体选择文鼎花瓣体,字号150点,文字颜色#f412f1,输入文字"花样年华",如图7-18所示。

(4)选中文字图层,在右侧空白处双击弹出"图层样式"对话框。

(5)在"图层样式"对话框中设置"投影"图层样式,设置颜色# a70c84,角度120,等高线环形(2行3列)。设置"内发光"图层样式,采用默认设置。设置"颜色叠加"图层样式，混合模式设置为"叠加"，颜色为#092250，如图 7-19 所示。

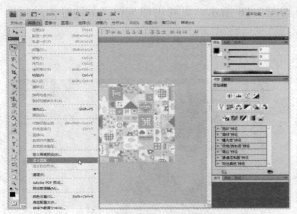 

图 7-17　自定义图案　　　　　　　　　　　　　图 7-18　文字工具

（6）在图层样式对话框中设置"图案叠加"图层样式，图案选项中设置之前自定义的图案类型。设置缩放为 50%，如图 7-20 所示。最后获得自定义图案填充叠加的文字效果。

图 7-19　图层样式　　　　　　　　　　　　　　图 7-20　图案叠加样式

7.5.4　项目四：制作彩虹绘制图像效果

实训目的：利用选区创建工具为山水风景图绘制彩虹效果。

要求：掌握选区创建、移动、缩放、羽化等基本调整方法，了解选区与图层的关系。

具体操作步骤如下。

（1）启动 Photoshop CS4 软件，选择"文件"→"新建"命令，弹出"新建"对话框，设置画布大小，如图 7-21 所示。

（2）在工具箱中选择"椭圆选框工具"绘制一个椭圆，如图 7-22 所示。

（3）单击"图层"面板底部"创建新图层"图标，创建一个新的图层。在工具箱中选择"渐变工具"，单击工具属性栏中的渐变编辑器，在弹出的对话框中的"预设"中选取"透明彩虹渐变"，如图 7-23 所示。

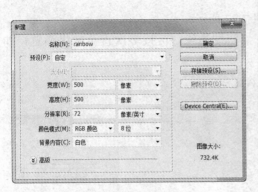

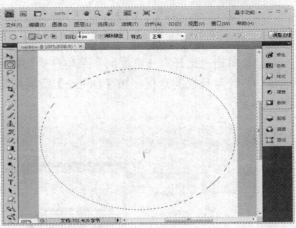

图 7-21　新建画布　　　　　　　　　图 7-22　绘制椭圆

（4）调整色标及不透明度色标，调节彩虹样式，如图 7-24 所示。单击【确定】按钮。

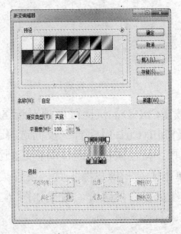

图 7-23　"渐变编辑器"对话框　　　　　图 7-24　编辑彩虹样式

（5）单击渐变工具属性栏中的"径向渐变"属性，在图层 1 所在的椭圆选区内由下往上填充渐变，在选区内形成彩虹，效果如图 7-25 所示。

（6）按【Shift+F6】组合键弹出"羽化选区"对话框，设置羽化半径为"30"，单击【确定】按钮，如图 7-26 所示。

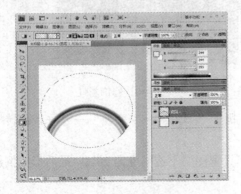

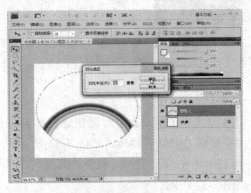

图 7-25　填充彩虹渐变　　　　　　　　图 7-26　羽化选区

（7）单击"选择"→"修改"→"收缩"菜单命令，弹出"收缩选区"对话框，设置收缩量 15 像素，单击【确定】按钮。

（8）单击"选择"→"反向"菜单命令，如图 7-27 所示。

（9）针对反选的选区，按【Delete】键羽化彩虹两端边缘，可按多次直至效果满意，如图 7-28 所示。

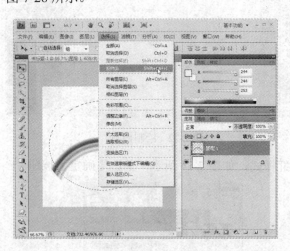

图 7-27　反向选择选区　　　　　　　　图 7-28　修饰彩虹边缘

（10）按【Ctrl+D】快捷键取消对选区的选择，单击工具箱中的魔棒工具，在彩虹白色区域单击，按【Shift+Ctrl+I】组合键反向选择创建彩虹选区，打开素材图像"项目四/山水图.png"。单击移动工具，按住鼠标左键移动彩虹到适当位置，如图 7-29 所示。

（11）单击工具箱橡皮擦工具，设置柔角"35"像素的主直径，可适当涂抹擦除彩虹超出部分，使边缘处更自然融合，效果如图 7-30 所示。

图 7-29　移动彩虹　　　　　　　　　　图 7-30　修饰彩虹

（12）按【Ctrl+J】组合键快速复制彩虹层，执行"编辑"→"变换"→"垂直翻转"命令，将复制的彩虹层翻转，如图 7-31 所示。

（13）单击移动工具，调整垂直翻转的彩虹，设置图层不透明度为 20%。最后形成倒影效果如图 7-32 所示。

图 7-31　复制翻转彩虹

图 7-32　彩虹倒影

7.5.5　项目五：制作"中国梦"文字效果

实训目的：利用滤镜制作文字"中国梦"火焰效果。

要求：掌握滤镜的基本用法。

具体操作步骤如下。

（1）启动软件，将背景色设置为黑色，执行"文件"→"新建"命令，新建 500*400 像素大小的画布，背景内容设置背景色。

（2）在工具箱中选择"横排文字"工具，设置字体为华文琥珀，字号为 100 点，文字颜色为白色，输入文字"中国梦"，如图 7-33 所示。

（3）选择"图像"→"图像旋转"→"90 度"（顺时针）命令，将图形顺时针旋转 90 度。执行"滤镜"→"风格化"→"风"命令，提示栅格化文字，按【确定】按钮，设置方法为"风"和方向"从左边"；根据需要按多次【Ctrl+F】组合键重复应用滤镜将风吹效果变得明显，如图 7-34 所示。

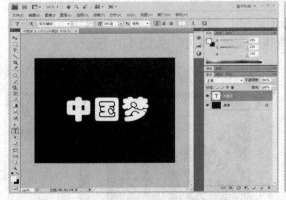

图 7-33　输入文字"中国梦"

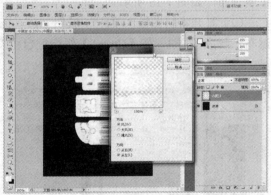

图 7-34　风格化滤镜

（4）执行"图像"→"图像旋转"/"90 度"（逆时针）命令，将图形逆时针旋转 90 度，将图像旋转复原。

（5）执行"滤镜"→"扭曲"→"波纹"命令，设置数量为 120%，大小为"中"。

（6）执行"图像"→"模式"→"灰度"命令，提示是否拼合图像，选【拼合】，提示是否要扔掉颜色信息，选"扔掉"。再执行"图像"→"模式"→"索引颜色"命令，将图像设为索引色彩模式。

（7）执行"图像"→"模式"→"颜色表"命令，设置颜色表为"黑体"，如图 7-35 所示。

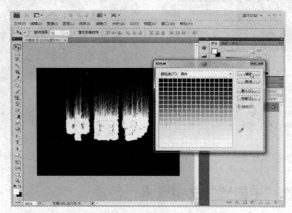

图 7-35　颜色表设置

（8）执行"图像"→"模式"→"RGB"命令，将图片再转换回 RGB 模式。最后获得火焰字效果。

7.5.6　项目六：制作瀑布城堡图像效果

实训目的：利用蒙版自然融合瀑布与城堡，制作奇幻效果。

要求：掌握图层蒙版的基本用法，理解图层混合模式的应用。

具体操作步骤如下。

（1）启动 Photoshop CS4 软件，打开素材图像"项目六/瀑布.jpg"。单击"图像"→"画布大小"命令，在弹出的画布大小对话框中，定位选择底部，高度设置为 40 厘米，背景白色，扩展画布，如图 7-36 所示。

（2）打开素材图像"项目六/城堡.jpg"，在工具箱上选择"移动工具"，将城堡图片移动至瀑布，形成图层 1，按【Ctrl+T】组合键自由变换调整城堡大小，如图 7-37 所示。

图 7-36　扩展画布

图 7-37　合成城堡与瀑布

（3）单击图层面板底部的"添加图层蒙版"，给图层1添加图层蒙版。设置前景色为黑色，在工具箱上选择"画笔工具"，设置画笔为柔角200像素，在城堡和瀑布重叠处涂抹，使边缘自然融合。将前景色设置为白色可以恢复，如图7-38所示。

（4）打开素材图像"项目六/云彩.jpg"，在工具箱上选择"移动工具"，将云彩拖入城堡，形成图层2。将图层混合模式更改为"强光"。在工具箱上选择"橡皮擦工具"，设置画笔为柔角65像素，将覆盖在城堡图层的云彩部分擦除，使图层间自然融合，如图7-39所示。最后形成瀑布城堡效果。

图 7-38 添加图层蒙版　　　　　　　图 7-39 图层合成

7.5.7 项目七：制作母亲节图像效果

实训目的：利用多图层文字制作母亲节宣传图像。

要求：掌握文字多图层设置及字符设置进阶应用。

具体操作步骤如下。

（1）启动 Photoshop CS4 软件，打开素材图像"项目七/爱心.jpg"。在工具箱上选择"魔棒工具"，单击白色处将白色选取，执行"选择"→"反向"菜单命令创建爱心的选区。

（2）打开素材图像"项目七/母亲节.jpg"，将爱心拖放至母亲节背景图层上进行合成，如图7-40所示。

（3）按【Ctrl+T】组合键自由变换，调整爱心部分大小并放置在适当位置，如图7-41所示。

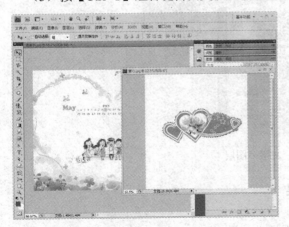 

图 7-40 合成图像　　　　　　　图 7-41 调整图像大小

（4）在工具箱上选择"横排文字工具"，选项栏设置文字类型为华文琥珀，字号 80 点，颜色#a5297d，输入"祝"。单击图层面板底部的"添加图层样式"选择描边样式，在弹出的"图层样式"对话框中设置大小为 6 像素，颜色为白色，如图 7-42 所示。

（5）在工具箱上选择"横排文字工具"，选项栏设置文字类型为华文琥珀，字号为 80 点，颜色# f4b51e，输入"妈妈"。设置投影图层样式，角度 120 度，距离 10 像素，扩展 6%，大小 10 像素。设置描边样式，大小 6 像素，单击图层面板底部的"添加图层样式"，选择描边样式，在弹出的"图层样式"对话框中设置大小为 6 像素，颜色为白色，如图 7-43 所示。并设置创建文字变形，样式花冠，弯曲 18%。

图 7-42　描边图层样式　　　　　　　　　　图 7-43　文字描边样式

（6）在工具箱中选择"横排文字"工具，在选项栏设置文字类型为华文琥珀，字号 50 点，颜色# a5297d，输入"节日快乐"。单击图层面板底部的"添加图层样式"，选择描边样式，在弹出的"图层样式"对话框中设置大小为 6 像素，颜色为白色。设置创建文字变形，样式旗帜，弯曲 50%。执行"窗口"→"字符"命令调出"字符"面板，设置字符字距为 240，如图 7-44 所示。最后利用多图层文字制作母亲节文字效果。

图 7-44　文字多图层

7.5.8　项目八：制作立体跑车图像效果

实训目的：利用多图层合成制作图像特殊视觉效果。

要求：掌握图层基本操作及图层样式基本用法。

具体操作步骤如下。

（1）启动 Photoshop CS4 软件，打开素材图像"项目八/跑车.jpg"。在工具箱上选择"快速选择工具"，将画笔直径设置为20px，硬度为20%。在车头部分移动创建选区，如图 7-45 所示。

（2）按【Ctrl+J】组合键快速复制一层，如图 7-46 所示。选中背景层，同样利用快速选择工具将车尾部分创建选区，并按【Ctrl+J】组合键快速复制一层。

图 7-45　创建车头部分选区

图 7-46　复制车头及车尾选区创建

（3）选中背景层，在空白处双击弹出"新建图层"对话框，按【确定】按钮将背景层转换为图层 0，在工具箱上选择"矩形选框工具"，将跑车中间段车体创建选区，执行"选择"→"反向"命令将车体以外部分创建选区，按【Delete】键删除，如图 7-47 所示。

（4）按【Ctrl+D】组合键取消选区，选中图层 0，执行"编辑"→"变换"→"斜切"菜单命令，对图层 0 作斜切变换，如图 7-48 所示。

图 7-47　删除跑车头尾部分

图 7-48　斜切变换

（5）选择图层面板底部的"添加图层"样式，选择描边样式，添加 10 像素大小的白色描边。同时将图层 1 和图层 2 所在图像作自由变换，调整其大小与图层 0 融合，如图 7-49 所示。对于边缘多余部分可利用橡皮擦工具设置柔角画笔擦拭修复等。

（6）再次选中图层 0，添加投影图层样式，设置角度为 120 度，距离为 20 像素，扩展 15%，大小为 50 像素，如图 7-50 所示。

图 7-49　调整图层重合大小　　　　　　图 7-50　设置投影图层样式

（7）右击图层 1，选择"合并可见图层"，将所有图层合并。打开素材图像"项目八/草地.jpg"。在工具箱上选择"移动"工具，将已处理的跑车部分，按住鼠标左键拖曳到草地中，适当调整其位置，如图 7-51 所示。

图 7-51　多图层立体跑车效果

7.6　Photoshop 课后操作习题

1．打开习题一中的素材文件"苹果乐园.jpg""苹果.jpg""樱桃.jpg"，选取苹果部分、樱桃部分，合成到"苹果乐园.jpg"中。利用"仿制图章"工具，画笔设置为柔角 100 像素，取样玫红色雏菊，在适当位置复制雏菊。最终效果如图 7-52 所示。保存文件为"水果合成.jpg"。

2．打开习题二中的素材文件"水滴.jpg""夜景.jpg"。将夜景合成至水滴图像中，适当调整夜景图片大小，设置叠加图层混合模式，不透明度设置为 40%。利用"横排文字"工具，设置华文琥珀，200 点，分别输入"致""青""春"，适当调整三个文字的位置。在"致"文字所在图层设置文字图层样式，设置选择"带投影的蓝色凝胶"样式，将其中设置的颜色叠加及外发光样式取消，获得所需效果。同样设置"青""春"两个文字图层的图层样式。最终效果如图 7-53 所示。保存文件为"水晶字.jpg"。

图 7-52　水果合成　　　　　　　　　　　　　图 7-53　致青春水晶字

3. 新建画布 500*400 像素，72 像素/英寸画布，设置画布为黑色背景。新建图层 1，选择"自定形状"工具，设置选项栏参数"路径"，形状"心形"，其余参数保持默认，在画布上绘制心形。将路径转换为选区，填充心形为白色。保持选区，收缩选区 5 像素，羽化选区 10 像素，按【Delete】键删除选区内部分。复制心形，调整大小，放于中间适当位置。新建图层 2，利用"色谱"渐变，类型选择"径向渐变"，在图层 2，从中心点至右下角设置渐变。设置"叠加"图层混合模式。最终效果如图 7-54 所示。保存文件为"五彩之心.jpg"。

4. 打开习题四中的素材文件"女孩.jpg"，按【Ctrl+J】组合键快速复制图层，生成图层 1。将图像去色。复制图层 1，生成图层 1 副本，反相，将图层 1 副本图层混合模式改为颜色减淡。利用最小值滤镜，设置半径为 2 像素。按【Ctrl+Shift+Alt+E】组合键盖印图层，生成图层 2，将该图层混合模式改为颜色减淡。复制图层 2 生成图层 2 副本，将该图层混合模式更改为"正片叠底"。设置画布纹理滤镜，缩放 60%，凸现 5，光照为左，添加纹理效果。最终效果如图 7-55 所示。保存文件为"人物素描.jpg"。

图 7-54　五彩之心　　　　　　　　　　　　　图 7-55　人像素描效果

5. 新建一个高度 800 像素，宽度 600 像素，背景内容为白色的画布。打开习题五中的素材文件"地图.jpg"，将地图合成到新建画布中，生成图层 1。打开素材文件"千纸鹤.jpg"，合成图像至新建画布中生成图层 2，添加图层蒙版。添加白色到黑色的径向渐变效果。利用画笔工具适当修饰蒙版。打开素材文件"蜡烛.jpg"，移动至新建画布中生成图层 3，将图层混合模式设置为正片叠底，图层不透明度设置为 40%。添加文字"传递爱"，字体为华文琥珀，字号 40 点，颜色黄色。添加投影图层样式，设置投影距离为 10 像素，扩展为 10%，大小为 10 像素；添加"橙，黄，橙"渐变色的渐变叠加样式；添加颜色为# 730728，大小为 3 像素，位置为外部的描边图层样式。同样利用文字工具添加文字图层"我们在一起！"，复制"传递爱"相同的图层样式。利用"斜切"命令，将两个文字图层适当变形。 添加文字图层"四川加油！中国加油！"，字体为隶书，字号 20 点，颜色为黄色。添加"橙，黄，橙"渐变色的渐变叠加样式；添加颜色为# c91119，大小为 3 像素，位置为外部的描边图层样式，利用"斜切"命令，将文字图层适当变形。最终效果如图 7-56 所示。保存文件为"地震公益海报.jpg"。

6．打开习题六中的素材文件"橙汁.jpg"，利用"矩形选框"工具，创建头像区域选区。适当旋转变换选区。按【Ctrl+J】组合键将选区复制生成图层 1。添加描边图层样式，设置大小 10 像素，白色描边。同时添加投影图层样式，角度为 114，距离为 15 像素，扩展 0%，大小为 16 像素。利用"径向模糊"滤镜，数量设置为"10"。最终效果如图 7-57 所示。保存文件为"立体广告.jpg"。

图 7-56　地震公益海报

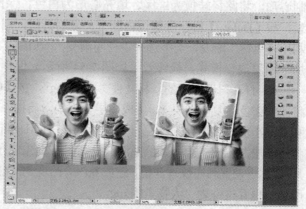

图 7-57　立体广告

7.7　Flash 动画基础

　　Flash 是在 1995 年乔纳森·盖伊（Jonathan Gay）创造的"Future Splash Animator"版本的基础上发展起来的，1996 年被著名的 Macromedia 公司收购，改名为 Flash，之后 Flash 得到了迅速的发展。2005 年，Macromedia 公司被 Adobe 公司收购，Macromedia Flash 遂改名为 Adobe Flash。早期 Flash 主要用于设计网页矢量动画，而目前 Flash 的应用领域很广泛，主要包括以下方面。

　　（1）广告宣传片：可以制作各类广告、宣传及产品演示等。

　　（2）游戏制作：利用 ActionScript 语句编制程序，再配合 Flash 强大的交互功能来制作一些游戏，如在线游戏等；

　　（3）多媒体课件：制作教学课件或教学软件，现在已经被越来越多的教师和学生使用。

　　（4）网站建设：用 Flash 制作网页或开发网站。

（5）网络动画：由于 Flash 作品容易在网络传播，常用来制作网页动画、MTV 或电子贺卡等。

（6）手机动画：Flash 对矢量图、声音和视频等有良好的支持，因而用 Flash 制作手机动画目前非常流行。

因此它是名副其实的网络时代的宠儿。

本节导读

- 了解计算机动画产生的基本原理
- 掌握简单的逐帧动画、渐变动画的制作方法和简单多图层二维动画的制作
- 掌握动画原件的使用方法
- 了解骨骼功能的应用

7.7.1 了解 Flash 工作界面

要使用 Flash CS4 制作动画，首先要认识它的工作界面。其工作界面主要包括菜单栏、工具箱、时间轴面板、浮动面板和舞台等，如图 7-58 所示。

标题栏
菜单栏
属性面板
舞台（画布）
时间轴面板
工具箱
图层
帧

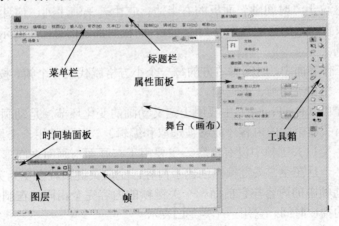

图 7-58 Flash 软件的界面

1. 菜单栏

Flash CS4 的菜单栏如图 7-59 所示，选择相关菜单项，即可完成相关的操作。

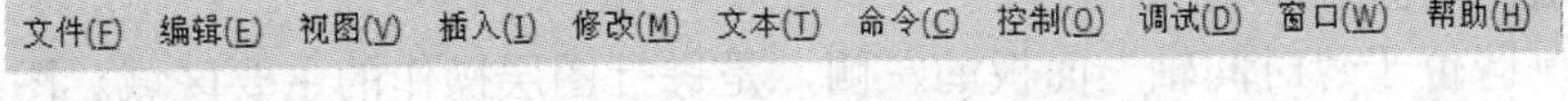

文件(F) 编辑(E) 视图(V) 插入(I) 修改(M) 文本(T) 命令(C) 控制(O) 调试(D) 窗口(W) 帮助(H)

图 7-59 Flash 软件菜单栏

2. 工具箱

工具箱提供了图形绘制和编辑的各种工具，分为“工具”、“查看”、“颜色”、“选项”4 个功能区，如图 7-60 所示。

3. 时间轴

时间轴用于组织和控制动画中的帧和层在一定时间内播放的坐标轴。按照功能的不同，时间轴窗口分为左右两部分，分别为时间轴控制区、图层控制区，如图 7-61 所示。

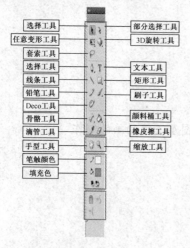

图 7-60　工具栏

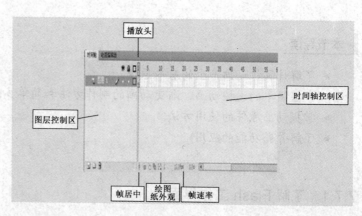

图 7-61　时间轴

（1）时间轴控制区

时间轴控制区位于"时间轴"面板的右半边，它由若干帧序列、信息栏及一些工具按钮组成，主要用于设置动画的运动效果。"时间轴"面板底部的信息栏中显示了当前帧、帧速率以及预计播放时间。

在 Flash 的工作界面中，时间轴右方的每一个小方格就代表一个帧。按照功能的不同，帧可以分为关键帧、空白关键帧、普通帧。

关键帧：关键帧（KeyFrame）主要用于定义动画的变化环节，是动画中呈现关键性内容或变化的帧（只有关键帧中的内容才能够被选取和编辑）。关键帧用一个黑色小圆圈●表示。

空白关键帧：空白关键帧中没有内容，主要用于在画面与画面之间形成间隔。它用空心的小圆圈○表示。一旦在空白关键帧中创建了内容，空白关键帧就会变为关键帧。

普通帧：普通帧中的内容与它前面一个关键帧的内容完全相同，在制作动画时可以用普通帧来延长动画的播放时间。它用一个矩形□表示。

组成动画的每一个画面就是一个帧。

在 Flash 中，我们将每一秒钟播放的帧数称为帧频，默认情况下 Flash CS4 的帧频是 24 帧/秒，也就是说每一秒钟要显示动画中的 24 帧画面，如果动画有 48 帧，那么动画播放的时间就是 2 秒。

（2）图层控制区

图层控制区位于"时间轴"面板的左侧，是进行图层操作的主要区域。图层可以看成是叠放在一起的透明胶片，可以根据需要，在不同图层上编辑不同的动画，而且互不影响，并在放映时得到合成的效果。使用图层并不会增加动画文件的大小，相反可以更好地帮助安排和组织图形、文字和动画。

① 图层的特点在编辑动画时，了解图层的特点，不仅可以使动画制作更加方便，而且可以制作一些特殊的效果。

➤ 对图层中的某个对象进行编辑时，不影响其他图层中的内容。

➤ 最先创建的图层在最底层。

➤ 每个图层都可以包含任意数量的对象，这些对象在该图层上又会有其自身的层叠顺序。

➤ 使用图层有助于对舞台上的各个对象进行护理。

➤ 改变图层的位置时，本层中的所有对象都会随着图层位置的改变而改变，但图层内部对象的层叠顺序不会改变。

② 图层的类型。

➤ 普通层

普通层是 Flash CS4 默认的图层，也是常用的图层，其中放置着制作动画时需要的最基本的元素，如图形、文字、元件等。普通层的主要作用是存放画面。

➤ 引导层

在 Flash 中，不仅可以创建沿直线运动的动画，还可以创建沿曲线运动的动画。而引导层的主要作用就是用来设置运动对象的轨迹。引导层在动画输出时本身并不输出，因此它不会增加文件的大小。

➤ 被引导层

是指引导层引导的图层，此图层中的对象将沿着引导层中绘制的路径移动。设置好的引导层和被引导层，如图 7-62 所示，图中的小球按照抛物线的路径运动。

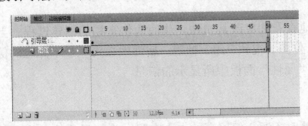 

图 7-62　引导层与被引导层　　　图 7-63　沿抛物线运动的小球

➤ 遮罩层

遮罩层可以将与遮罩层链接的图层中的图像遮盖起来，也可以将多个图层组合放在一个遮罩层下，遮罩层在制作 Flash 动画时会经常用到，但是在遮罩层中不能使用按钮元件。

➤ 被遮罩层

将普通图层变为遮罩层以后，该图层下方的图层将自动变为被遮罩层，如图 7-64 所示。如图 7-65 所示就是遮罩前和遮罩后的不同效果。

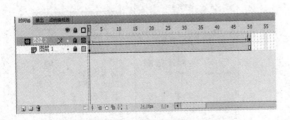 

图 7-64　遮罩层与被遮罩层　　　图 7-65　遮罩前与遮罩后的效果

4. 场景和舞台

场景是所有动画元素的最大活动空间，也就是常说的舞台，是编辑和播放动画的矩形区域，在舞台上可以放置、编辑向量插图、文本框、按钮、导入的位图图形、视频剪辑等对象，如图 7-66 所示。

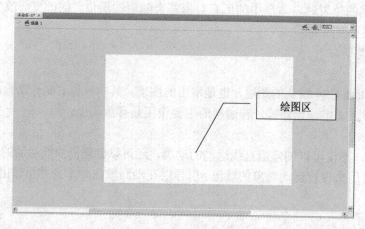

图 7-66　舞台区域

5. 属性面板

使用属性面板，可以很容易地查看和更改其属性，从而简化文档的创建过程。当选定单个对象时，如文本、组件、形状、位图、视频、组、帧等，属性面板可以显示相应的信息和设置，如图 7-67 所示为选择舞台后"属性"面板中所显示的信息。

6. 浮动面板

浮动面板可以查看、组合和更改资源，但屏幕的大小有限，为了尽量使工作区最大，从而达到工作的需要，Flash CS4 提供了多种自动以工作区的方式，如可以通过"窗口"菜单显示、隐藏面板，还可以通过鼠标拖动来调整面板的大小及重新组合面板，如图 7-68 所示为浮动中的"颜色"面板和"对齐"面板。

图 7-67　属性面板

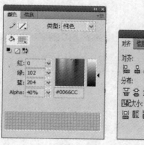

图 7-68　其他活动面板

7.7.2 Flash 功能介绍

1. Flash 文件的基本操作

在制作 Flash 动画之前，需要先进行新建文件、保存之类的操作。

1）新建文件

在对 Flash CS4 软件操作时，新建文件是其进行设计的第一步，下面详细介绍新建文件的操作方法。

启动 Flash 软件，在菜单栏中，执行"文件"→"新建"命令，如图 7-69 所示。

弹出"新建文档"对话框，选择准备的新建文档；单击【确定】按钮即可完成新建文件的操作。

2）保存文件

在编辑和制作完动画后，需要将动画文件保存起来，操作方法如下：

在菜单栏中，执行"文件"→"保存"命令，弹出"另存为"对话框，在"保存"区域中，选择准备保存的位置；在"文件名"文本框中输入文件名称；单击【保存】按钮，即可完成保存文件的操作。

3）测试影片

制作 Flash 影片完成后，就可以将其导出，在导出之前应对动画文件进行测试，以检查是否能够正常播放。操作方法如下。

在菜单栏中，执行"控制"→"测试影片"命令，即可测试当前准备查看的影片，如图 7-70 所示。

图 7-69　新建文件

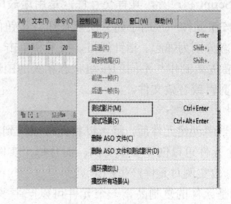

图 7-70　测试影片

4）导出影片

使用导出功能，可以将制作的 Flash 动画导出来，可以根据需要设置导出的相应格式。打开准备导出的影片，在菜单栏中，执行"文件"→"导出"→"导出影片"命令，弹出"导出影片"对话框，在"文件名"文本框中，输入文件名称，在"保存类型"下拉列表中选择准备保存的类型，单击【保存】按钮，即可导出动画文件，如图 7-71 所示。

2. 元件与实例

1）什么是元件

元件是可反复取出使用的图形、按钮或者一段小动画，元件中的小动画可以独立于主动画进行播放，每个元件可由多个独立的元素组合而成，元件创建完成后，可以在当前的动画文档或者其他动画文档中反复使用，元件可以包含从其他应用程序中导入的插图元素。

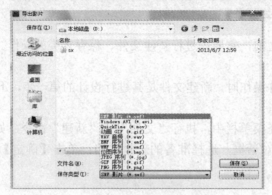

图 7-71　导出影片

2）元件类型

创建元件时需要选择元件类型，Flash 元件包括图形元件、影片剪辑元件和按钮元件。

图形元件——是可以重复使用的静态图像，或连接到主影片时间轴上的可重复播放的动画片段。图形元件与影片的时间轴同步运行。它不支持交互图像，也不能添加声音。

影片剪辑元件——可以理解为电影中的小电影，可以完全独立于主场景时间轴并且可以重复播放。该类型的元件可以包含动作、其他元件和声音，甚至可以是其他影片剪辑的实例。影片剪辑元件可以放在其他元件中，用于建立动画的按钮。它与图形元件的主要区别在于它支持 ActionScript 和声音，具有交互性，是用途最广、功能最多的部分。

按钮元件——用于建立交互按钮。按钮的时间轴带有特定的 4 帧，它们被称为状态。这四种状态分别为弹起、指针经过、按下和单击。用户可在不同的状态上创建不同的内容。制作按钮，首先要制作与不同的按钮状态相关的图形，为了使按钮有更好的效果，还可以在其中加入影片剪辑或音效文件。

3）什么是实例

在场景中创建元件后，就可以将元件应用到工作区，当元件拖动到工作区，就转变为"实例"，一个元件可以创建多个实例，而且每个实例都有各自的属性。

4）修改实例对元件产生的影响

实例是元件的复制品，一个元件可以产生多个实例，这些实例可以是相同的，也可以是通过分别编辑后得到的各种对象。

对实例的编辑只影响该实例本身，而不会影响到元件及其他由该元件生成的实例。也就是说，对实例进行缩放、效果变化等操作，不会影响到元件本身。

5）修改元件对实例产生的影响

实例来源于元件，如果元件被修改，则舞台上所有该元件衍生的实例也将发生变化。

6）创建元件的方法

在 Flash 中创建元件有两种方法，用户可以根据需要选择合适的方法。

➢ 直接创建元件

如果要直接创建一个元件，可执行菜单栏中的"插入"→"新建元件"命令，弹出"创建新元件"对话框,如图 7-72 所示,在其中选择需要的元件类型,单击"确定"按钮,进入元件的编辑状态,在该状态下,即可创建所需要的元件内容。

➢ 将图形转换成元件

将在 Flash 中绘制的图形和输入的文字直接转换为元件,选中图形或文字后,按【F8】键,弹出"转换为元件"对话框,如图 7-73 所示,该对话框与"创建新元件"对话框的选项相似,只是该对话框中多了一个"对齐"选项,利用该选项可以选择元件的中心点位置。

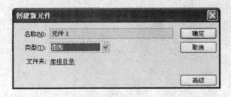

图 7-72　创建新元件

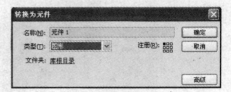

图 7-73　转换为元件

3. 库的概念

库是元件和实例的载体,库面板如图 7-74 所示。在 Flash 库中的文件类型除了 Flash 的三种元件类型外,还包括其他的素材文件。一个复杂的 Flash 影片中还会使用到一些位图、声音、视频、文字字符等素材文件,每种都被作为独立的对象存储在元件库中,并且用对应的元件符号来显示其文件类型。

4. 动画的原理

制作动画的原理和制作电影一样,都是根据视觉暂留原理制作的。人的视觉具有暂留特性,也就是说,当人的眼睛看到一个物体后,图像会短暂停留在眼睛的视网膜上,而不会马上消失。利用这一原理,在一幅图像还没有消失之前将另一幅图像呈现在眼前,就会产生一种连续变化的效果。

图 7-74　库面板

Flash 动画与电影一样,都是基于帧形成的,它通过连续播放若干静止的画面来产生动画效果,这些静止的画面就被称为帧,每一帧类似于电影底片上的一个图像画面。控制动画播放速度的参数为 fps,即每秒播放的帧数。在 Flash 动画的制作过程中,一般将每秒的播放帧数设置为 24,但即使这样设置,仍然有很大的工作量,因此引入了关键帧的概念,在制作动画时,可以先制作关键帧的画面,关键帧之间的帧则可以通过软件来自动产生,这样,就大大地提高了动画制作的效率。

5. 动画的类型

➢ 逐帧动画

逐帧动画是一种常见的动画形式,是在时间轴的每帧上逐帧绘制不同的内容,使其连续播放而成动画,也可以在此基础上修改得到新的动画。

例 1:利用"海天一色.fla"制作逐一显示文字的动画,文字停留 10 帧,总动画共 40 帧。

步骤一:执行菜单栏中的"文件"→"打开"命令,打开"海天一色.fla"素材文件,在"时间轴"面板中选择"图层 2",如图 7-75 所示。

图 7-75　选择"图层 2"

步骤二：选取工具箱中的文本工具，在"属性"面板中设置字体"华文琥珀"，大小 60 点，"颜色"为深蓝色，在舞台中创建一个文本框并输入相应的文本，如图 7-76 所示。

图 7-76　输入"海"

步骤三：选择"图层 2"的第 10 帧，按【F6】键插入关键帧，选取工具箱中的文本工具，在舞台中的适当位置创建一个文本框输入相应的文本"天"；

步骤四：用上述方法，分别在"图层 2"的第 20 帧、第 30 帧插入关键帧并创建相应的文本对象"一"、"色"，按【Ctrl+Enter】组合键测试动画，效果如图 7-77 所示。

图 7-77 测试动画

> 动作补间动画

动作补间动画所处理的动画必须是舞台上的组件实例、多个图形组合、文字等，运用动作补间动画可以设置元件的大小、位置、原色、透明度、旋转等属性。

例 2：利用"滚动的小球.fla"，制作带阴影的小球在 2 秒内顺时针滚动 3 圈的动画。

步骤一：执行菜单栏中的"文件"→"打开"命令，打开"滚动的小球.fla"素材文件。

步骤二：在图层 1 的第 1 帧上，把"球"元件从库中拖曳到舞台的左侧，在第 48 帧，按【F6】键插入关键帧，并把"球"从舞台的左侧移到舞台的右侧。

提示：该动画默认的帧频是 24fps，2 秒就是 48 帧。

步骤三：将鼠标放置在第 1～第 48 帧之间的任意一帧的位置，单击鼠标右键，在弹出的快捷菜单中选择"创建传统补间"命令，如图 7-78 所示，同时在属性面板中将"旋转"设置为"顺时针"、"3"，如图 7-79 所示。

图 7-78 创建传统补间 图 7-79 设置帧属性

步骤四：新建图层 2，在图层 2 的第 1 帧，把"阴影"元件从库中拖曳到舞台小球的下面，在第 48 帧按【F6】键插入关键帧，并把"阴影"移动到小球的下面。

步骤五：将鼠标放置在第 1 帧～第 48 帧之间的任意一帧的位置，单击鼠标的右键，在弹出的快捷菜单中选择"创建传统补间"命令。

步骤六：把图层 2 移动到图层 1 的下面，如图 7-80 所示，按【Ctrl+Enter】组合键测试影片。保存文件，导出影片。

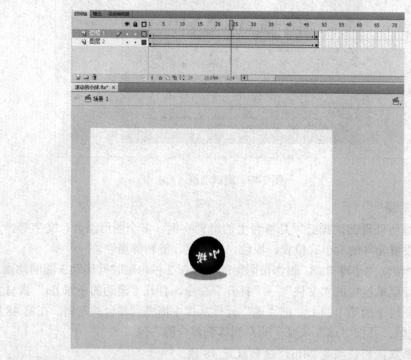

图 7-80　测试影片

➤ 形状补间动画

形状补间动画适用于在两个关键帧之间创建图形变形的效果，使得一种形状可以随时变化成另一个形状，同时也可以对形状的位置、大小等进行设置。如果使用图形元件、按钮、文字等元素，则必须先"分离"才能创建变形动画。

例 3：制作由蓝色的正方形变形为红色的五角星效果的动画，总帧数 60 帧。

步骤一：启动 Flash 软件后，执行"文件"→"新建"命令，新建一个动画文件。

步骤二：在图层 1 的第 1 帧上，单击工具箱中的"矩形工具"，设置"笔触颜色"为无色，"填充颜色"为蓝色"#0000CC"，按【Shift】键，在舞台上拖曳鼠标，绘制一个正方形。

步骤三：按【Ctrl+K】组合键，打开对齐面板，选中正方形，单击"相对于舞台"按钮，并且单击"水平居中"、"垂直居中"按钮，如图 7-81 所示，使正方形处于舞台的中央。

步骤四：在第 60 帧的位置上，按【F7】键插入空白关键帧，设置工具箱中"笔触颜色"为无色，"填充颜色"为红色"#FF0000"，单击工具箱中的"矩形工具"打开列表，从中选择"多角星形工具"。单击"属性"面板上的"选项"按钮，在"工具设置"对话框样式选择"星形"，边数设为"5"，如图 7-82 所示，绘制一个红色的五角星，通过对齐面板将其放置在舞台居中位置。

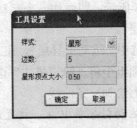

图 7-81　对齐　　　　　　　　　图 7-82　"工具设置"对话框

步骤五：将鼠标放置在第 1 帧～第 60 帧之间的任意一帧的位置，单击鼠标右键，在弹出的快捷菜单中选择"创建补间形状"命令，如图 7-83 所示，完成后的效果如图 7-84 所示。

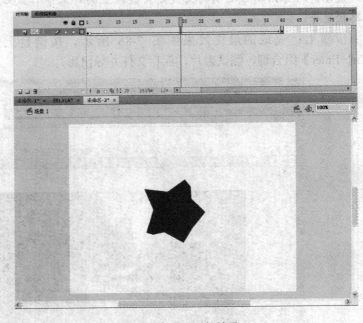

图 7-83　创建补间形状　　　　　　　　图 7-84　完成后的效果

步骤六：在键盘上按【Ctrl+Enter】组合键，测试影片效果。保存文件并导出影片。

➢ 引导层动画

在制作动画的过程中，用户可以通过绘制物体的运动轨迹来制作沿轨迹运动的动画效果，使动画更加生动。

例 4：制作在花丛中翩翩飞舞的蝴蝶动画。

步骤一：执行"文件"→"打开"命令，打开"蝴蝶.fla"素材文件。

步骤二：新建图层 2，在第 1 帧把"蝴蝶"元件从库中拖曳到舞台的左下角，使用"任意变形工具"适当调整"蝴蝶"的大小，在第 60 帧的位置，按【F6】键插入关键帧，并用鼠标把"蝴蝶"拖曳到舞台的右上角。

步骤三：将鼠标放置在图层 2 第 1 帧～第 60 帧之间的任意一帧的位置，单击鼠标的右键，在弹出的快捷菜单中选择"创建传统补间"命令。

步骤四：选中"图层 2"，单击鼠标右键，在弹出的快捷菜单中选择"添加传统运动引导层"，如图 7-85 所示，即添加一个运动引导层。同时"图层 2"缩进成"被引导层"。

步骤五：选中"运动引导层"，在工具箱中选择"铅笔"工具，并在工具栏选项组中将"铅笔模式"选择"平滑" S.，用"铅笔"工具在引导层上绘制一条曲线。

提示：在运动引导层中唯一放置的东西就是引导路径，填充对象对引导层没有任何影响，而且引导路径在最终动画中是不可见的。

步骤六：选中"图层"2 的第 1 帧，将"蝴蝶"拖动到路径的起始点，选中第 60 帧，将"蝴蝶"拖动到路径的终点。

提示：对象沿路径运动的关键是关键帧上的对象中心点必须与路径重合。

步骤七：完成的最终效果如图 7-86 所示，按键盘上的【Ctrl+Enter】组合键，测试影片，保存文件并导出影片。

图 7-85　添中传统运动引导层

图 7-86　最终效果

➤ 遮罩层动画

遮罩层与被遮罩层是相互关联的一对图层，遮罩层可以将图层遮住，在遮罩层中的位置显示被遮罩层中的内容。

例 5：制作旋转的地球动画效果。

步骤一：执行"文件"→"打开"命令，打开"旋转的地球.fla"素材文件。

步骤二：新建"图层 2"，在图层 2 的第 1 帧把"地图.ai"元件从库中拖曳到舞台上，让地图的右边线和图层 1 上的球体垂直中心重合，如图 7-87 所示，单击图层 2 的第 30 帧，按

【F6】键插入关键帧，按住【Shift】键，用"选择"工具移动"地图"到右边，其左边的框线与球体的垂直中心线重合，创建传统补间动画。

步骤三：新建"图层 3"，将库中的"圆"元件拖曳到舞台上与舞台上的球体重合，右击"图层 3"，在弹出的快捷菜单中选择"遮罩层"命令，可以看到"地图"只能在圆的部分显示，其余部分都"消失"了，如图 7-88 所示。

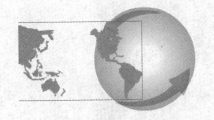

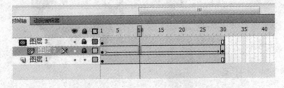

图 7-87　设置图层 2　　　　　　　　　　图 7-88　显示的"地图"

步骤四：新建"图层 4"，把"箭头 1.ai"和"箭头 2.ai"从库中拖曳到舞台合适的位置。

步骤五：按键盘上的【Ctrl+Enter】组合键，测试影片，保存文件并导出影片。

➢ 骨骼动画

Adobe Flash CS4 提供了一个全新的骨骼工具，可以很便捷地把符号连接起来，形成父子关系，来实现我们所说的反向运动。整个骨骼结构也可称之为骨架（Armature）。把骨架应用于一系列影片剪辑（Movie Clip）符号上，或者是原始向量形状上，这样便可以通过在不同的时间把骨架拖到不同的位置来操纵它们。

例 6：制作一只摇动尾巴的小猫动画。

步骤一：执行"文件"→"打开"命令，打开"猫.fla"素材文件。

步骤二：在"图层 1"的第 1 帧，把"元件 1"从库中拖曳到舞台上，在第 30 帧的位置，按【F5】键插入普通帧。

步骤三：新建"图层 2"，选择工具栏中的"刷子工具"，设置笔触的颜色为"无色"，填充的颜色为"黑色"，选择适当的刷子大小，在猫的尾部画上尾巴，如图 7-89 所示。

步骤四：在工具箱中，选择"骨骼工具"，按住鼠标的左键从画上去的尾巴的底部开始向尾巴顶端创建骨骼，如图 7-90 所示，使用骨骼工具后，图层 2 的上方自动生了"骨架_1"图层。

图 7-89　画"尾巴"　　　　　　　　　　图 7-90　创建骨骼

步骤五：在"骨架_1"图层的第 1 帧、第 10 帧、第 20 帧，在利用"选择"工具，调整尾巴的不同状态，如图 7-91 所示。

图 7-91　调整尾巴的不同状态

步骤六：按键盘上的【Ctrl+Enter】组合键，测试影片，保存文件并导出影片。

7.8　Flash 项目实训

7.8.1　项目一：制作憨态可掬的小熊猫动画

实训目的：掌握逐帧动画的制作方。

要求：将"panda"文件夹中的 9 幅熊猫图片制成 GIF 动画，最后一幅图片静止 5 帧，文件名保存为"panda.fla"，导出为"panda.gif"。

具体操作步骤如下。

（1）启动 Flash，在 Flash 起始界面中选择"新建"命令，在弹出的"新建文档"对话框中选择"Flash 文件（ActionScript 3.0）"后，显示 Flash 动画文档编辑界面，执行"文件"→"导入"→"导入到库…"命令，将"panda"文件夹中的 9 幅熊猫图片导入到库中。打开"导入到库"对话框并找到需要导入的图片后，按【Shift】键将"panda0001.gif～panda0009.gif"图片全部导入库中。

提示：如果 Flash 窗口中没有"库"浮动面板，则执行"窗口"→"库"命令来显示"库"的浮动面板。

（2）将舞台大小调整为"显示帧"，然后将第一幅图片拖曳到舞台的左上角，如图 7-92 所示。

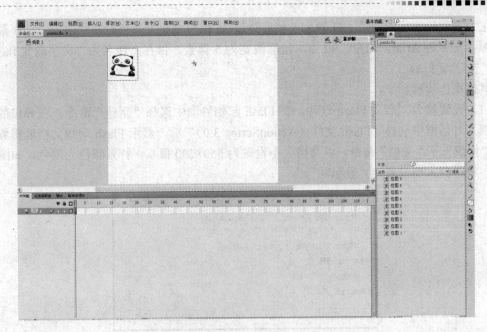

图 7-92　将第一幅图片拖曳到舞台左上角

（3）执行"修改"→"文档"命令，弹出"文档属性"对话框，在"匹配"中选择"内容"，单击"确定"按钮，使舞台大小与舞台上的内容相匹配。

（4）制作第 2～第 9 帧的内容。在时间轴第 2 帧的位置上右击鼠标，在弹出的快捷菜单中选择"插入空白关键帧"命令，如图 7-93 所示，或者按【F7】键插入空白关键帧，再将第 2 幅图片拖曳到舞台上。使用同样的方法分别在第 3～第 9 帧的位置插入空白关键帧，并将库中第 3～第 9 幅图片拖曳到相对应的舞台上。

（5）熊猫最后一张画面静止 5 帧。在时间轴第 14 帧处右击鼠标，在快捷菜单中选择"插入帧"命令（或者按【F5】键），在时间轴显示该帧为一个矩形空心框，其内容是前面第 9 帧内容的延续。

（6）测试动画。从左到右拖曳时间轴上数字区的红色测试指针，可以演示熊猫变化的动作过程。直接按【Ctrl+Enter】组合键，可在播放环境中测试影片。

图 7-93　插入空白关键帧

提示： 测试中如果觉得动画频率过快，则可以在时间轴的下方用鼠标拖曳"帧频率"数字来改变帧频率。

（7）保存动画编辑文件。执行"文件"→"另存为"命令，将制作好的动画保存为"panda.fla"文件。

（8）执行"文件"→"导出"→"导出影片"命令，在弹出的"导出影片"对话框中输入导出的动画文件名为"panda.gif"，完成影片导出。

7.8.2　项目二：制作文字轮廓线渐变的动画

实训目的：掌握形状补间动画的制作方法。

要求：画面大小为 550×200 像素，黑色背景。先将红色轮廓线的 R 字静止 5 帧后经过 25

帧变化为绿色轮廓线的 G 字，G 静止 5 帧后经过 25 帧再变化为蓝色轮廓线的 B 字，B 最后静止 5 帧，文字为 Arial，加粗，90 点，轮廓线宽为 5 像素，保存文件名为"文字渐变.fla"，导出为"文字渐变.swf"。

具体操作步骤如下。

（1）设置舞台。启动 Flash 软件，在 Flash 起始界面中选择"新建"命令，在弹出的"新建文档"对话框中选择"Flash 文件（ActionScript 3.0）"后，显示 Flash 动画文档编辑界面，执行"修改"→"文档"命令，将文档大小设置为 550×200 像素，背景颜色为黑色，如图 7-94 所示，将舞台大小设置为"显示帧"。

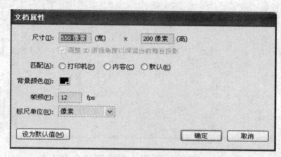

图 7-94　文档属性

（2）输入文字。单击工具箱中的"文本"工具，在属性面板中选择字体"Arial"，样式为"Bold"、大小为"90"，颜色为"白色"，在舞台的左下角上输入大写的英文字母"R"。

（3）对文字描颜色轮廓线并去除填充色。选中文字，按【Ctrl+B】组合键将文字分离，使文字上布满细小的白点，慢速单击工具箱中的"颜料桶工具"，打开列表选择"墨水瓶工具"，在属性面板中将笔触颜色选择为红色，笔触高度调整为 5 像素，如图 7-95 所示。（提示：此时的文字应处在未被选中状态），单击文字后完成红色描边。

（4）去除填充色。用"选择"工具单击字母填充体，然后按【Delete】键来删除填充色，完成的效果如图 7-96 所示。

图 7-95　墨水瓶工具属性

图 7-96　效果图

（5）变化轮廓线颜色。在第 5 帧、第 25 帧、第 30 帧、第 55 帧插入关键帧，分别选中时间轴第 25 帧和第 30 帧舞台上的文字，修改的字母轮廓线颜色，选择"属性"面板中的"笔触颜色"，将颜色修改为绿色，使用同样的方法修改第 55 帧字母的轮廓线颜色为蓝色，在第 60 帧插入帧。

（6）设置形状补间。按【Ctrl】键单击第 5 帧到第 25 帧之间、第 33 帧到第 55 帧之间的任意一帧，右击鼠标执行"创建补间形状"命令。

（7）保存动画。将动画文件保存为"4.3-1-2.fla"，导出文件为 4.3-1-2.swf。

7.8.3 项目三：制作奔跑的狐狸动画

实训目的：掌握动作补间动画的制作和影片剪辑元件的制作方法。

要求：制作一只小狐狸在草地上奔跑的动画，画面大小为 500×277 像素，先制作一个"小狐狸"的影片剪辑元件，制作一只小狐狸在背景图片上通过 50 帧从左到右运动，并从 50 帧到 63 帧逐渐消失，最后保持 2 帧的动画，帧频为 12fps。保存文件 fox.fla，导出 fox.swf。

具体操作步骤如下。

（1）背景设置。启动 Flash，打开"奔跑的小狐狸素材.fla"，显示"库面板"，把"背景.jpg"文件从库中拖曳到舞台上，执行"修改"→"文档"命令，弹出"文档属性"对话框，在"匹配"中选择"内容"，帧频设置为"12"fps，单击"确定"按钮，使舞台大小与舞台上的内容相匹配。单击时间轴的第 65 帧，按【F5】键插入帧。

（2）制作影片剪辑元件。（说明：影片剪辑元件是可独立于主场景时间轴播放的可重复使用的动画片段。）创建一个名称为"fox"的影片剪辑元件，其内容为小狐狸系列图片产生的逐帧动画，执行"插入"→"新建元件"，在弹出的"创建新元件"对话框中，输入名称为"fox"，类型选"影片剪辑"，如图 7-97 所示。

将"库"中"狐狸 0001.png"图片拖曳到编辑窗口的中心，单击时间轴上的第 2 帧，按【F7】键插入空白关键帧，将"库"中的"狐狸 0002.png"图片再拖曳到编辑窗口的中心，重复上述操作将狐狸 0003.ng～狐狸 0007.png 图片拖曳到对应的帧上。

单击编辑窗口左上角的"场景 1"，影片剪辑元件制作完成，回到"场景"的舞台上，"fox"的影片剪辑元件被保存到库中，如图 7-98 所示。

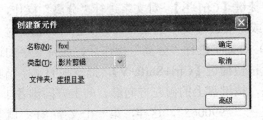

图 7-97 "创建新元件"对话框   图 7-98 影片剪辑元件

（3）单击时间轴左下方的"新建图层"按钮，如图 7-99 所示，插入新图层，当前时间轴上的位置在图层 2 的第 1 帧。

（4）把"fox"元件从库中拖曳到舞台的左下角，单击图层 2 的第 50 帧，按【F6】键插入关键帧，用鼠标选中舞台上"fox"实例，把它拖动到舞台的右下角合适的位置上，在第 63 帧的地方插入关键帧，拖动"fox"到舞台的右上角，单击"属性"面板中的"样式"下拉框，选中"Alpha"，然后将 Alpha 参数调节为 10%，执行"窗口"→"变形"命令，出现变形控制面板，将缩放大小均设置为"50%"，最后在第 65 帧处插入帧。

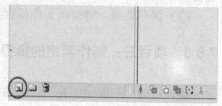

图 7-99　"新建图层"按钮

（5）按住【Ctrl】键并分别单击图层 2 的前二段的任意一帧，执行"创建传统补间"命令。

（6）保存动画为"4.3-1-3.fla"，导出为"4.3-1-3.swf"。测试影片，观察动画的放映效果。

7.8.4　项目四：制作跳跃的文字的动画

实训目的：掌握多图层动画的制作方法。（注：此项目较为复杂，可以选做）

要求：制作一个跳跃的文字的动画，画面大小 550×300 像素，帧频 12fps。

具体操作步骤如下。

（1）设置舞台。启动 Flash 软件，在 Flash 起始界面中选择"新建"命令，在弹出的"新建文档"对话框中选择"Flash 文件（ActionScript 3.0）"后，显示 Flash 动画文档编辑界面，执行"修改"→"文档"命令，将文档大小设置为 550×300 像素，将舞台大小设置为"显示帧"。

（2）制作元件。执行"插入"→"新建元件"菜单命令，在弹出的"创建新元件"对话框中，设置名称为"F"，类型为影片剪辑，如图 7-100 所示。选择文本工具，在舞台上输入"F"，并在属性面板上选择"Arial"、样式"Black"、大小"60"点、颜色"#333333"，如图 7-101 所示。

图 7-100　创建新元件"F"

图 7-101　文字属性设置

为文字添加立体效果。选中文字，按快捷键【Ctrl+B】，对文字进行"分离"操作，（提示：需要对文字进行形状渐变动画的制作，或是要改变文字的某一部分颜色时，就要对文字进行"分离"操作，把文字转成矢量形状。）对文字进行"分离"操作后，保持文字的选中状态，按快捷键【Ctrl+C】，进行复制，然后按快捷键【Ctrl+Shift+V】，把复制的文字粘贴到原文字的正上方，继续保持文字的选中状态，按键盘上的向左方向键、向上方向键各 1 次，使之和原来的文字错开一点位置，填充暗红色"#990065"，这样，第一个文字"F"就制作好了。效果如图 7-102 所示。

单击编辑窗口左上角的"场景 1"，影片剪辑元件"F"制作完成，回到"场景"的舞台上，

"F" 的影片剪辑元件被保存到库中。

使用同样的方法再制作 "L"、"A"、"S"、"H" 几个元件。

（3）制作跳跃文字的元件 "FLASH"。按【Ctrl+F8】组合键，新建一个命名为 "FLASH" 的影片剪辑元件，进入 "FLASH" 影片剪辑的编辑界面。因为要制作的文字跳动总共有 5 个字，所以再新建 4 个图层，这样，加上原来的层，总共为 5 层。为了便于辨认，为图层改名，分别改名为 "F"，"L"，"A"，"S"，"H"。

（4）按【Ctrl+L】组合键，打开库面板，把前面制作好的 5 个影片剪辑分别拖入舞台中，放在各自的层中，选中所有文字，按快捷键【Ctrl+K】，打开对齐面板，执行 "底对齐" → "水平平均间隔"，把文字对齐，如图 7-103 所示。

图 7-102　效果图

图 7-103　对齐面板

（5）设置文字跳跃的高度。按快捷键【Ctrl+Shift+Alt+R】，显示标尺，然后我们通过在标尺上按住鼠标左键的方法，拉出如图 7-104 所示的定位参考线。

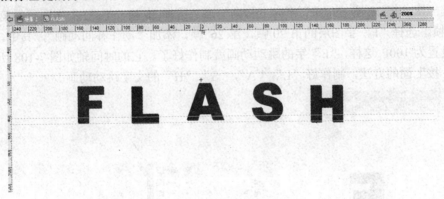

图 7-104　参考线

（6）选择 "F" 字图层的第 10 帧，单击鼠标右键，选择插入关键帧。选择 "绘图工具栏" 中的 "任意变形工具"，对第 10 帧的 "F" 字进行一定的压缩，这里设置字体的高度为原来的 85%（提示：这一步的操作是模拟文字跳动前的下蹲动作，让跳动更真实些），如图 7-105 所示。

（7）选择 "F" 字图层的第 15 帧，把第 1 帧的关键帧通过单击鼠标右键，选择 "复制帧" → "粘贴帧"，粘贴到第 15 帧，并把第 15 帧的字通过按键盘上的向上方向键的方法，垂直移动到上方参考线的上面，如图 7-106 所示。

再通过选择 "复制帧" → "粘贴帧" 的方法，把 "F" 字图层的第 10 帧粘贴到 "L" 字图层的第 20 帧。为第 1 帧，第 10 帧，第 15 帧加上运动补间动画，这样，文字就完成了一个从跳跃到落地的循环。地球上的物体，由于受到重力的影响，会有一个重力加速度的问题，因此也要考虑到文字的跳动的重力影响。让文字在跳动的上升过程中，速度越来越慢，下降的时候，速度越来越快。这种效果的实现，在 Flash 里是通过调节"动作补间动画"属性中的"缓动"来实现的。所以，"F"字图层的第 10 帧，第 15 帧对应的"缓动"分别为 100，-100。

图 7-105　变形图层

图 7-106　移动图层

为了缓解字体落地后的生硬感觉，再给字体添加一点反弹效果。选择"F"图层的第 24 帧，复制"F"字图层的第 1 帧，将其粘贴到第 24 帧，再把文字垂直向上移动一点，距离不要太大，如图 7-107 所示。

选择"F"字图层的第 26 帧，把"F"字图层的第 1 帧粘贴到 26 帧，并对文字进行压缩，注意是一点点压缩，即压缩不要太大，这里设置高度为原来的 92%。

选择"F"字图层的第 27 帧，把"F"字图层的第 1 帧粘贴到第 27 帧，并按键盘上的向上方向键一次，把 27 帧 的"F"字向上移动一点。选择 28 帧，把"F"字图层的第 1 帧粘贴到第 28 帧。选择"F"字图层的第 20 帧，第 26 帧，添加"动作补间动画"，其中，第 20 帧的缓动设置为 100。这样，"F"字的跳动动画就制作好了。它的时间轴如图 7-108 所示。

（8）按上面的方法，制作好"L"，"A"，"S"，"H"的文字跳动动画。

图 7-107　设置"F"图层

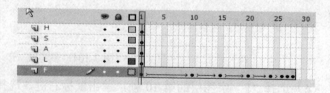

图 7-108　时间轴

（9）设置文字有规律、有间隔的跳跃。把时间轴设成如图 7-109 所示状态。这样，文字动画的制作就完成了。（注意，选择连续多个帧的方法为：单击要选择的开始帧，按着键盘上的【Shift】键，单击要选择的结束帧，之后就可以按着鼠标左键，拖动选择的帧到合适的位置。）

（10）所需的元件都制作完成后，接下来完成动画的制作。返回场景 1，单击图层 1 的第 1 帧，用矩形工具在舞台上画出一个和舞台同样大小的矩形。按快捷键【Shift+F9】打开颜色属性面板，类型选择"线性"，笔触设为无色，双击左边色标，选择"#33ccff"，双击右边的色标，选择"#006699"，如图 7-110 所示。然后用"颜料桶"工具在舞台上从上到下划一道直线，使整个矩形的填充色形成渐变的效果。

图 7-109　时间轴

（11）添加新图层 2，把"FLASH"元件从库中拖曳到舞台合适的位置。

（12）制作倒影文字。添加新图层 3，再次把"FLASH"元件从库中拖曳到文字的下方，选中该文字，执行"修改"→"变形"→"垂直翻转"菜单命令，同时在属性中修改"Alpha"属性为"30%"。效果如图 7-111 所示。

保存动画文件"跳跃的文字.fla"，导出动画文件"跳跃的文字.swf"。

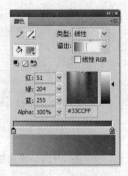

图 7-110　颜色面板

图 7-111　效果图

7.8.5　项目五：制作钟面指针旋转的动画

实训目的：掌握为动画添加背景音乐。

要求：制作一个钟面指针旋转的动画，整个动画帧数为 160 帧，动画背景为#99CCCC，秒针旋转 3 周，分针旋转 2 周，时针旋转 1 周，保存文件"时钟.fla"，导出影片文件"时钟.swf"。

具体操作步骤如下。

（1）打开提供的素材文件"时钟素材.fla"，执行"文件"→"导入→""导入到库"命令，从文件夹中选择"滴答.mp3"文件，导入声音素材。

（2）设置动画背景。执行"修改→文档"菜单命令，在弹出的文档属性对话框中，设置背景颜色为"#99CCCC"，按【确定】按钮返回。把"钟"元件从库中拖曳到舞台合适的位置，在图层 1 的第 160 帧的位置按快捷键【F5】，插入帧。

（3）设置时针的动作。新建图层 2 把"指针"元件从库中拖曳到舞台上，让指针的底端和钟的中心轴对齐。选中指针元件，单击工具栏上的"任意变形工具" ，把指针元件的长度缩短一些，并把它的注册点从中间移到底部和钟的轴重合，如图 7-112 所示，用

图 7-112　移动注册点

鼠标单击图层 2 的第 160 帧，按【F6】键插入关键帧，右击图层 2 的第 1 帧到第 160 帧中的任意一帧，执行"创建传统补间"命令，并在属性栏中设置旋转为"顺时针"、"1"次。完成时针的旋转运动。

（4）使用同样的方法，再新建图层 3 和图层 4，分别设置分针和秒针的运动，旋转的次数分别为 2 次和 3 次。

（5）新建图层 5，把"钟面"元件从库中拖到钟的圆盘上，同样在时间轴的第 160 帧的位置插入关键帧。

（6）添加背景声音。新建图层 6，把库中的"滴答.mp3"文件直接拖曳到舞台的任意位置，时间轴显示如图 7-113 所示，并设置属性栏的同步为"循环"，如图 7-114 所示。

（7）测试效果，保存文件为"时钟.fla"，并导出测试影片文件"时钟.swf"

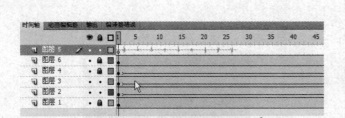

图 7-113　添加声音的时间轴面板

图 7-114　声音属性面板

7.8.6　项目六：制作豆豆吃草莓的动画

实训目的：掌握运动引导层动画制作。

要求：制作一个豆豆吃草莓的小动画。画面大小 550×400 像素，帧频 12fps，整个动画总帧数 140 帧。保存文件"豆豆.fla"，导出影片文件"豆豆.swf"。

（1）动画准备。打开"豆豆吃草莓素材.fla"文件，并显示"库"面板，设置舞台比例为"显示帧"。

（2）设置背景层。将"库"中的"底图"元件拖曳到舞台上，并在舞台上居中对齐，在时间轴的第 140 帧处按【F5】键，插入帧，单击时间轴面板上的锁定按钮，"图层 1"被锁定不能被编辑。

（3）双击"图层 1"，修改图层的名称为"底图"。

（4）创建"豆豆"的动作补间动画。新建图层 2，将"库"中的"豆豆"元件拖曳到背景图片上曲线路经外部的顶端，在时间轴的第 120 帧处按【F6】键，插入关键帧，把"豆豆"实例拖曳到曲线路径内部的顶端。单击中间的任意一帧，执行"创建传统补间"命令。双击"图层 2"修改图层名称为"豆豆"。

（5）创建运动引导层。（运动引导层就是改变运动对象的运动轨迹，引导层的路径可以用"铅笔"绘制，也可以用"直线"等工具绘制，用"选择"工具拖曳可将直线变为弧线。）右击"豆豆"，执行"添加传统运动引导层"命令，此时"豆豆"层缩进，表示被引导层，单击"引导层"的第一帧，用"铅笔"工具绘制一条和底图中相重叠的一段曲线，如图 7-115 所示。

（6）运动对象进入路径。（提示：对象路径运动的关键：关键帧上的对象中心点必须和路径重合。）单击"豆豆"层的第 1 帧，移动舞台上的"豆豆"实例，让它的中心点和所绘路径的最外端重合，单击时间轴的第 120 帧处，同样让"豆豆"的中心点和所绘路径的最内端重合。

（7）设置草莓的位置。新建图层 4，并将图层 4 拖曳到"豆豆"层的下面，双击图层 4，修改图层名称为"草莓"。在"草莓"图层的第 14 帧上，从"库"中把"草莓"元件拖曳到"豆豆"相同的位置，使用同样的方法设置第 27 帧、43 帧、59 帧、75 帧、90 帧、105 帧、120 帧上草莓的位置。

（8）实现豆豆吃草莓的动画效果。选中"草莓层"。单击第 14 帧，按【F6】键，插入关键帧，选中和"豆豆"相同位置的草莓删除掉，单击第 27 帧，按【F6】键，插入关键帧，选中和"豆豆"相同位置上的草莓删除掉，使用相同的方法，分别删除掉第 43 帧、59 帧、75 帧、90 帧、105 帧、120 帧上的草莓。

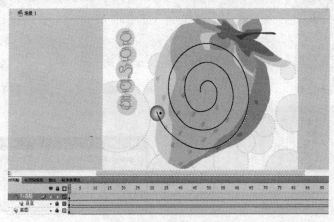

图 7-115　引导层路径

（9）测试影片，观察动画效果。保存动画编辑文件"豆豆.fla"，并导出动画影片文件"豆豆.swf"。

7.8.7　项目七：制作变清晰的探照灯的动画

实训目的：掌握遮罩层动画制作。

要求：制作一个变清晰的探照灯的动画，总动画长 100 帧，帧频 12fps，画面大小 400×300 像素。

（1）动画准备。打开"变清晰的探照灯素材.fla"文件，执行"修改"→"文档"菜单命令，修改舞台尺寸为宽 400 像素，高 300 像素，帧频 12fps，设置舞台大小为"显示帧"。

执行"插入"→"新建元件"命令，名称为"元件 1"，类型选择"影片剪辑"，（提示：这里一定要选择影片剪辑的类型，滤镜只支持"影片剪辑"和"按钮"两种元件和"文本"效果），把库中的"香山 5.jpg"文件拖曳到舞台上，居中对齐。

单击编辑窗口左上角的"场景 1"，影片剪辑元件制作完成，回到"场景"的舞台上，"元件 1"的影片剪辑元件被保存到库中。

（2）设置背景。把元件 1 从库中拖曳到舞台上，按快捷键【Ctrl+K】，调出对齐面板，按照如图 7-116 所示设置元件和舞台重合。选中元件，在属性中添加模糊的滤镜效果，按图 7-117、图 7-118 和图 7-119 所示进行设置。

（3）单击图层 1 的第 100 帧，按快捷键【F5】插入帧。

（4）新建图层 2，再把元件 1 拖曳到舞台上，再通过对齐面板，把元件 1 居中对齐。单击图层 2 的第 100 帧，按快捷键【F5】插入帧。

（5）新建图层 3，使用工具栏中的"椭圆工具"，笔触颜色设为无色，填充色任意，按住【Shift】键在舞台背景上画出一个圆，选中此圆，按快捷键【F8】把它转换为元件，如图 7-120 所示。

图 7-116　对齐面板　　　　　图 7-117　添加滤镜　　　　　图 7-118　模糊滤镜

图 7-119　模糊滤镜参数　　　　　　　　图 7-120　"转换为元件"对话框

（6）在图层 3 的第 20 帧，第 40 帧，第 60 帧，第 80 帧，第 100 帧的地方插入关键帧，并在每个关键帧上修改圆的大小、形状和位置。按【Ctrl】键的同时选中五段中的任意一帧，执行"创建传统补间"命令。

（7）选中图层 3，单击鼠标右键，在弹出的快捷菜单中选择"遮罩层"命令，可以看到"图层 2"变为被遮罩层，以缩进的方式显示，同时舞台上的"圆"消失了，下方的清晰图片可见，而圆以外的部分则显示模糊的背景，效果如图 7-121 所示。

图 7-121　遮罩效果

（8）保存文件"探照灯.fla，探照灯.swf"。

7.9 Flash 课后操作习题

1．利用习题文件夹中"eagle"文件夹里的素材图片制作一个飞翔的老鹰的 Gif 动画，导出为"老鹰.gif"。

2．打开习题文件夹中的"动物大变身素材.fla"文件，制作一个如"动物大变身样例.swf"所示的动画，首先狮子经过 15 帧变身为豹，豹静止 15 帧再经过 15 帧变身为袋鼠，最后袋鼠静止 20 帧结束。保存文件为"动物大变身.fla"，导出为"动物大变身.swf"。

3．利用习题文件夹中的四张图片 4104.jpg、Z4101.png、Z4102.png、Z4103.png 制作如"滚动条样例.swf"的动画，动画总长度 50 帧，保存文件为"滚动条.fla"，导出为"滚动条.swf"。

4．利用习题文件夹中"跷跷板.fla"的素材文件，制作一个如样张文件"跷跷板样例.swf"的动画。动画背景设为"#666666"，帧频 12fps，1 到 20 帧左侧的小球从上加速落下并接触到跷跷板，20 帧到 30 帧小球随着跷跷板上下运动，30 帧到 50 帧右侧的小球减速上升，50 帧到 70 帧右侧的小球加速下降，70 帧到 80 帧小球随着跷跷板上下运动，80 帧到 100 帧左侧的小球减速上升，具体效果可以参考"跷跷板样例.swf"样例文件。

5．根据习题文件夹中提供的"透明文字素材.fla"文件，制作如"透明文字样例.swf"效果的动画，动画背景为黑色，总动画长度为 100 帧，字体外围有 1 像素的红色描边，保存文件"透明文字.fla"导出文件"透明文字.swf"。

提示： 文字的红色边框用墨水瓶工具实现文字的红色边框效果。

6．根据习题文件夹中提供的"流光溢彩的文字素材.fla"文件，制作如"流光溢彩样例.swf"效果的动画，舞台背景为黑色，动画长度 60 帧，保存"流光溢彩的文字.fla"，导出文件"流光溢彩的文字.swf"。

7．根据习题文件夹中提供的"行驶的汽车素材.fla"文件，制作如"行驶的汽车样例.swf"效果的动画，动画总帧数 100 帧，保存文件"行驶的汽车.fla"，导出文件"行驶的汽车.swf"。（提示：制作一个物体以一个圆圈运动，那么在他运动的时候就可能需要两种情况：一种是"平动"，一种是"转动"，）如图 7-122 所示，左边的矩形在运动的时候，始终保持一个方向，而右边的矩形在运动的时候会变化方向，以保持永远和曲线的角度不变。如果希望实现右图中的效果，可以通过在运动补间中勾选"调整到路径"选项实现。

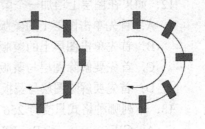

8．*根据习题文件夹中提供的"小河流水素材.fla"文件，制作如"小河流水样例.swf"效果的动画，保存文件"小河流水.fla"，导出文件"小河流水.swf"。

图 7-122 第 7 题图

7.10 课后练习与指导

一、选择题

1．多媒体技术是将声音、图形、文本等多种媒体通过计算机技术集成在一起的技术，它具有集成性、实时性、（ ）和多样化等特征。

　　A．交互性　　　　B．完整性　　　　　C．保密性　　　　　D．不可否认性

2．声音的三要素不包括（　　）。

　　A．音调　　　　　B．音色　　　　　　C．音强　　　　　　D．音质

3．人类听觉的声音频率范围是（　　）。

　　A．100～9000Hz　　　　　　　　　　B．150～10000Hz

　　C．200～3400Hz　　　　　　　　　　D．20Hz～20kHz

4．声音波形采样频率越高，声音的保真度越（　　），所需要的信息存储量越（　　）。

　　A．高，大　　　　B．低，小　　　　　C．高，小　　　　　D．低，大

5．多媒体创作工具软件是多媒体操作系统之上的系统软件，下列（　　）是图形图像处理工具软件。

　　A．Cool Edit　　　B．Visual Studio　　C．Photoshop　　　D．LaTex

6．下列文件格式中属于音频类型格式的是（　　）。

　　A．txt　　　　　　B．wav　　　　　　C．pdf　　　　　　D．tex

7．下列文件格式中属于视频类型格式的是（　　）。

　　A．mov　　　　　B．vsd　　　　　　C．bmp　　　　　　D．jpg

8．图像类文件类型中不包括下列（　　）。

　　A．eps　　　　　B．wmf　　　　　　C．avi　　　　　　D．png

9．把模拟声音信号转变为数字声音信号的过程称为声音的数字化，声音数字化的过程不包括（　　）。

　　A．采样　　　　　B．量化　　　　　　C．编码　　　　　　D．传输

10．下列哪个是 Photoshop 图像最基本的组成单元？（　　）

　　A．节点　　　　　B．色彩空间　　　　C．像素　　　　　　D．路径

11．图像分辨率的单位是（　　）。

　　A．dpi　　　　　B．ppi　　　　　　C．lpi　　　　　　D．pixel

12．如果在图层上增加一个蒙版，当要单独移动蒙版时下面哪种操作是正确的（　　）。

　　A．首先单击图层上的蒙版，然后选择移动工具就可以了

　　B．首先单击图层上的蒙版，然后选择全选，用选择工具拖拉

　　C．首先要解除图层与蒙版之间的链接，然后选择移动工具就可以了

　　D．首先要解除图层与蒙板之间的链接，再选择蒙版，然后选择移动工具就可以移动了

13．下列哪种格式只支持 256 色？（　　）

　　A．GIF　　　　　B．JPEG　　　　　C．TIFF　　　　　D．PCX

14．以下有关过渡动画叙述正确的是（　　）。

　　A．中间的过渡帧由计算机通过首尾帧的特性及动画属性要求来计算得到

　　B．过渡动画不需建立动画过程的首尾两个关键帧的内容

　　C．动画效果主要是依赖于人的视觉残留特征而实现的

　　D．当帧速率达到 12fps 以上时，才能看到比较连续的视频动画

15．在 Flash 中如果要制作人物行走的动画，最好选择（　　）功能。

　　A．逐帧动画　　　B．形状补间动画　　C．骨骼　　　　　　D．动画补间动画

16．以下属于动画制作软件的是（　　）。

A．Photoshop   B．Ulead Audio Editor

C．Flash   D．Dreamweaver

17．以下具有动画功能的图像文件是（   ）。

A．JPG   B．BMP   C．GIF   D．TIF

18．测试影片时可用的快捷键是（   ）。

A．Ctrl+Alt+Enter   B．Ctrl+ Enter

C．Ctrl+Shift+Enter   D．Alt+Shift+Enter

19．在 Flash CS4 中默认的帧频是（   ）帧。

A．24   B．25   C．12   D．32

20．我们可以对场景中的（   ）对象进行形状渐变动画设置。

A．任意   B．元件   C．矢量图形   D．组合

二、填空题

1．一般多媒体系统是由多媒体硬件系统和_____组成的，将多媒体信息和计算机交互式控制相结合，由对媒体信号的_____、生成、_____、处理和_____数字化技术所组成的一个完整的系统。

2．图形图像工具主要功能包括图形图像显示、编辑、压缩、捕捉等，常用的处理工具有_____、_____、_____、_____等。

3．显示媒体是指媒体传输中的电信号与媒体之间转换所用的一类媒体。它分为两种：一种是_____，如键盘、鼠标器等；另一种是输出显示媒体，如显示器、打印机等。

4．CD 是当今音质较好的音频格式，其文件后缀为_____，标准 CD 格式采样频率为_____kb/s，传输速率 88.2KB/s，量化位数 16 位。

5．计算机图像分为两大类，包括_____图像和_____图像。

6．_____是组成图像的最小单位，它是小方形的颜色块。

7．套索工具包含三种，_____，_____和_____。

8．补间动画大致可分为变形动画和_____动画两种。

9．Flash 工具箱提供了图形绘制和编辑的各种工具，分为_____、查看、颜色、_____4 个功能区。

10．元件是在 Flash 中创建的_____、_____或_____，在 Flash 中元件只需创建一次，然后就可以在整个动画中反复使用而不增加文件的大小。

第 8 章

网 页 设 计

当你在浩瀚无边的网络天地里尽情欣赏别人的博客和主页时，有没有想过做一个属于自己的网站呢？今天让我们携手步入网站制作的精彩之旅，建立一个属于我们自己的网站。

本章导读

- ▶ 认识 Dreamweaver CS4 的工作界面
- ▶ 了解网站与网页的概念，站点的结构
- ▶ 掌握网页制作（文字、图片、多媒体、表格、表单、超级链接）
- ▶ 掌握 CSS 模式的定义与应用
- ▶ 学会利用框架集和框架页对网页进行布局
- ▶ 了解站点的建立、网页发布

Dreamweaver，Flash，Fireworks 曾经是 Macromedia 公司出品的一系列网页制作工具，称之为"网页三剑客"，于 2005 年被 Adobe 公司收购，现在最新版本是 CS6，本书使用的版本是 CS4。Dreamweaver 是一款强大的网页设计工具，可视化功能使得不懂 html 代码的人也能轻松设计网页。

8.1　了解 Dream weaver CS4 的工作界面

Dreamweaver CS4 提供了多种工作界面，以适合不同的工作人员。

当打开一个文件或新建一个文件后，进入了 Dreamweaver CS4 工作界面，如图 8-1 所示，该工作界面称为"设计器"界面。如果不适应这种工作界面，可以通过界面切换菜单进行切换，选择适合自己的界面模式。本章将以"设计器"界面模式介绍 Dreamweaver CS4 的应用。

Dreamweaver CS4 的工作界面主要由"菜单栏"、"插入"工具栏、"文档"工具栏、"应用程序"工具栏、文档编辑窗口、状态栏、"属性"面板和各种面板组成，下面简单介绍各主要组成部分。

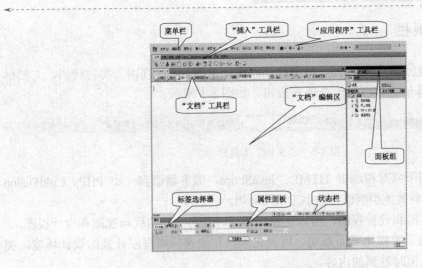

图 8-1　Dreamweaver CS4 的工作区界面

8.1.1　菜单栏

Dreamweaver CS4 主要由 10 个主菜单组成：文件、编辑、查看、插入、修改、文本、命令、站点、窗口、帮助，如图 8-2 所示。

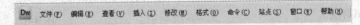

图 8-2　菜单栏

8.1.2　"插入"工具栏

Dreamweaver CS4 的"插入"工具栏中包含了 8 个标签，分别为：常用、布局、表单、数据、Spry、InContext Editing、文本、收藏夹，如图 8-3 所示。

单击"插入"工具栏中的不同标签可以进行切换，每一个标签中包括了若干的插入对象按钮。单击"插入"工具栏中的对象按钮或者将按钮拖曳到编辑窗口内，即可将相应的对象添加到网页文件中，并可在网页中编辑添加的对象。Dreamweaver CS4 的"插入"工具栏由两个显示模式，即工具栏模式和面板模式，只要将工具栏拖至右边面板组中，"插入"工具栏随即融入面板组中，如图 8-4 所示。

图 8-3　"插入"工具栏　　　　　　　　　　　图 8-4　"插入"工具面板组

8.1.3 "文档"工具栏

"文档"工具栏中包含了代码视图、拆分视图、设计视图、实时视图、实时代码、文档标题、文件管理、浏览器预览、可视化选项等按钮，如图 8-5 所示。

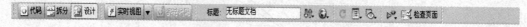

图 8-5 "文档"工具栏

代码视图：一个用于编写和编辑 HTML、JavaScript、服务器语言（如 PHP、ColdFusion 标记语言 CFML）及任何其他类型语言的手工编码环境。

拆分视图：又称代码和设计视图，可以在窗口中同时看到文档的代码视图和设计视图。

设计视图：一个用于可视化页面布局、可视化编辑和快速应用程序开发的设计环境，类似于在浏览器中查看页面时看到的内容。

通过单击"文档"工具栏中的视图按钮，用户可以自由地在不同的视图之间快速切换。

8.1.4 "应用程序"工具栏

在 Dreamweaver CS4 的窗口标题栏上新增加了几个命令："布局"、"扩展 Dreamweaver"和"站点"，它们是网页制作中最常用的命令，如图 8-6 所示。

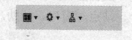

图 8-6 "应用程序"工具栏

8.1.5 "文档"编辑区

"文档"编辑区是编辑和设计网页的主要工作区域，如图 8-7 所示。

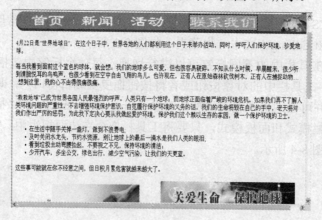

图 8-7 "文档"编辑区

8.1.6 状态栏

在 Dreamweaver CS4 状态栏中可以显示当前光标所在位置的 HTML 标记，通过此标记可以确定所编辑的网页内容。状态栏上还可以显示当前网页的编辑窗口大小、当前网页文件的大小与网页的传输速度，如图 8-8 所示。

图 8-8 状态栏

另外，Dreamweaver CS4 的状态栏上新增了视图控制工具，其中选取工具用于选择页面中的操作对象；手形工具 用于平移视图；缩放工具 用于放大或缩小视图显示；而设置缩放比例选项框可以通过确切的数值控制视图的缩放。

8.1.7 "属性"面板

"属性"面板又称属性检查器，用于显示或修改当前所选对象的属性。在页面中选择不同的对象时，"属性"面板中将显示出不同对象的属性。如果选择了文字，在"属性"面板中显示的是文字的属性；如果选择了图像，则"属性"面板中将显示图像的属性，如图 8-9 所示。另外，还可以直接在"属性"面板中修改所选对象的属性，修改后的效果可以在编辑窗口中反映出来。

图 8-9 图像的"属性"面板

Dreamweaver CS4 进一步提升了 CSS 规则在网页设计上的应用，在属性面板里提供了"HTML"和"CSS"两种类型的属性设置。单击"HTML"按钮时，如图 8-10 所示；单击"CSS"按钮时，如图 8-11 所示。

在"属性"面板的右下角单击三角形的切换按钮 ，可以将"属性"面板切换为常用属性或全部属性模式 。

图 8-10 "属性"面板 HTML 设置

图 8-11 "属性"面板 CSS 设置

8.1.8 面板组

面板组是指组合在一起的面板集合，它为我们编辑网页提供了既直观又快速的操作方法，是设计制作网页时不可缺少的工具。单击"窗口"菜单下的相应命令，可以打开或关闭面板。当我们打开一个面板时，与其成组的面板会同时出现形成面板组，如 CSS 样式和 AP 元素组成一个面板组，如图 8-12 所示；"文件"和"资源"形成一个面板组，如图 8-13 所示。

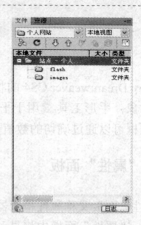

图 8-12　"CSS 样式"和"AP 元素"面板组　　　　图 8-13　"文件"和"资源"面板组

8.2　功能介绍

8.2.1　站点的建立与管理

1．规划站点

规划站点是建立站点的前期准备工作，主要包括规划站点主题、规划站点结构、设计网页版面、收集站点素材等。

2．创建站点的基本结构

创建站点的基本结构，是指确定站点的整体结构和网页之间的结构关系。创建站点的基本结构时首先要建立空白的站点，其次是添加网页文件与站点文件夹。

3．创建站点

Dreamweaver CS4 提供了两种创建站点的方法：①在启动 Dreamweaver 时通过欢迎画面创建，如图 8-14 所示；②在 Dreamweaver 工作环境下，单击菜单栏中的"站点"/"新建站点"命令。这两种创建站点的方法都是通过向导完成的，非常直观。

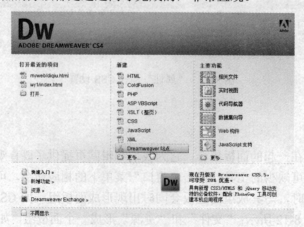

图 8-14　欢迎画面

1）定义站点的详细过程

"站点定义"对话框有"基本"和"高级"两种使用状态。这两种方式都可以完成站点的定义工作，不同点如下。

"基本"：将会按照向导一步一步地进行，直至完成定义工作，适合初学者。

"高级"：可以在不同的步骤或不同的分类选项中任意跳转，而且可以做更高级的修改和设置，适合在站点维护中使用。

2）"文件"面板

在 Dreamweaver CS4 的"文件"面板中有 2 个选项卡，其中"文件"选项卡就是站点管理器的缩略图。一种没有定义站点时的状态，如图 8-15 所示；另一种是已定义站点时的状态，如图 8-16 所示。

3）站点管理器

在"文件"面板中单击 ⊡（展开/折叠）按钮，将展开站点管理器。再次单击该按钮，将又切换回到缩略图状态。如果站点管理器主菜单中的命令或者工具栏中的按钮显示为灰色，说明这部分功能目前不可用。

图 8-15　没有定义站点时的文件面板　　　　图 8-16　定义站点后的文件面板

8.2.2　编辑网页文本

1．创建网页文件的基本方法

（1）从"起始页"的"创建新项目"或"从范例创建"列表中选择相应命令。

（2）在"文件"面板中站点根文件夹的右键快捷菜单中选择"新建文件"命令。

（3）在主菜单中选择"文件"→"新建"命令或按【Ctrl+N】组合键。

2．添加文本的基本方式

（1）直接输入。

（2）导入：在主菜单中选择"文件"→"导入"→"Word 文档"命令，打开"导入 Word 文档"对话框，选择要导入的文件，设置"格式化"选项。

（3）复制粘贴，特别是选择性粘贴。

3．分段和换行

在文档窗口中，每按一次【Enter】键就会生成一个段落。按【Enter】键的操作通常称为"硬回车"，段落就是带有硬回车的文本组合。由硬回车生成的段落，其 HTML 标签是"<p>文本</p>"。使用硬回车划分段落后，段落与段落之间会产生一个空行间距。

如果希望文本换行后不产生段落间距，可以采取插入换行符的方法。插入换行符可以在主菜单中选择"插入"→"HTML"→"特殊字符"→"换行符"命令，也可以按【Shift+Enter】组合键。其 HTML 标签是"
"。使用换行符只能使文本换行，但这不等于重新开始一个段落，只有按【Enter】键才能重新开始一个段落。

4．设置文档标题格式

1）应用标题格式

把光标置于文档标题所在行，然后在"属性"面板的"格式"下拉列表框中选择相应的选项。

2）定义标题样式

打开"页面属性"对话框，在"分类"列表中选择"标题"选项，可以重新定义标题字体、大小和颜色。

3）文本的对齐方式

文本的对齐方式通常有 4 种："左对齐"、"居中对齐"、"右对齐"和"两端对齐"。也可以通过"属性"面板或"格式"→"对齐"级联菜单命令来设置。

5．设置正文格式

1）通过"页面属性"对话框设置文本属性

在"属性"面板中单击"页面属性"按钮打开"页面属性"对话框，在"外观"分类中定义页面文本的字体、大小和颜色。

2）通过"属性"面板设置文本属性

在"属性"面板的"字体"下拉列表框中选择字体，在"大小"下拉列表框中选择大小选项，在"颜色"文本框中定义颜色。

3）设置文本的样式方法

● 通过"属性"面板可以给文本设置粗体或斜体样式。

● 在主菜单的"格式"→"样式"中选择相应的命令可以对文本设置简单的样式，如"下画线"、"删除线"等。

● 在"插入"面板中选择"文本"选项，将出现"文本"工具面板，从中单击相应的按钮也可以设置粗体或斜体样式。

4）设置列表的方法

● 通过"属性"面板可以给文本设置项目列表或编号列表的格式。

● 在主菜单的"格式"→"列表"中选择相应的命令也可以对文本设置列表格式。

● 在"插入"面板中选择"文本"选项，在"文本"工具面板中单击相应的按钮也可以设置列表格式。

● 如果对默认的列表不满意，可以进行修改。将光标放置在列表中，然后在主菜单中选择"格式"→"列表"→"属性"命令，打开"列表属性"对话框进行设置。

5）设置文本缩进或凸出的方法

● 在主菜单或右键快捷菜单中选择"格式"→"缩进"或"凸出"命令。

● 单击"属性"面板上的"缩进"或"凸出"按钮。

8.2.3 CSS 样式表

1. CSS 的概念

样式表也叫 CSS（Cascading Style Sheet），它是一种对页面内容外观进行精确控制的技术规范，它是由 W3C 组织负责发布的。使用样式表可以有效地对页面的布局、字体、颜色、背景和其他效果实现精确描述；可以使 Web 页面内容和外观定义分开，HTML 专注于内容，CSS 则用于外观规划；使每个页面的内容及整个站点更趋于规范，修改和控制变得更加快捷。

2. CSS 样式的分类

根据应用对象的不同，可以把 CSS 样式分为以下三类。

（1）类样式——类样式的名称必须以句点（英文状态）开头，后跟字母或字母和数字组合。

（2）标签样式——标签样式表示重新定义特定 HTML 标签的外观。

（3）高级样式——高级样式是某一具体的标签组合或含有特定 ID 属性的标签应用样式。

3. CSS 编辑器

使用 CSS 编辑器可以创建、编辑和删除 CSS 样式。并且可以将外部样式表文件附加到当前文档。

● "附加样式表"：单击该按钮会打开"链接外部样式表"对话框，可选择要链接到或导入到当前文档中的外部样式表。

● "新建 CSS 规则"：打开"新建 CSS 样式"对话框，可以选择创建的样式类型。如类样式、标签样式或高级样式。

● "编辑样式"：打开"CSS 样式定义"对话框，可编辑当前文档或外部样式表中的样式。

● "删除 CSS 规则"：删除"CSS 样式"面板的所选样式，并从应用该样式的所有元素中删除格式，但是不删除对该样式的引用。

4. 创建类样式

例：将标题设置为黑体，24 点数（pt）。

（1）选择主菜单"窗口"→"CSS 样式"命令，打开"CSS 样式"面板，单击"CSS 样式"面板中的"新建 CSS 样式"按钮。在"新建 CSS 样式"对话框中，"选择器类型"设置为"类"，名称输入".style1"，"定义在"设置为"仅对该文档"，单击【确定】按钮。

（2）在出现的".style1 的 CSS 规则定义"对话框中，设置类型项中的字体为"黑体"，大小为"24 点数（pt）"。

（3）单击【确定】按钮。

（4）选中文档标题，单击"属性"面板上的 HTML 选项，选择"类"下拉列表中的".style1" CSS 样式。

8.2.4 插入图像

1. 网页中图像的作用和常用格式

网页中图像的作用基本上可分为两种情况，一种是起装饰的作用，如背景图像；另一种是起传递信息的作用，它和文本的作用是一样的。

2．设置背景图像

打开"页面属性"对话框，在"外观"分类中单击【浏览】按钮打开"选择图像源文件"对话框，在"查找范围"下拉列表框中选择网页背景图像文件。

在"重复"下拉列表框中有4个选项："不重复"、"重复"、"横向重复"及"纵向重复"，可以通过选择它们来定义背景图像的重复方式。

3．插入图像占位符

在主菜单中选择"插入"→"图像对象"→"图像占位符"命令或在"插入"→"常用"面板的"图像"下拉菜单中单击（图像占位符）按钮打开"图像占位符"对话框，进行设置即可。

4．插入图像

在网页中，插入图像的方法通常有3种。
（1）在主菜单中选择"插入"→"图像"命令。
（2）在"插入"→"常用"面板的"图像"下拉菜单中单击（图像）按钮。
（3）在"文件"→"文件"面板中用鼠标选中文件，然后拖到文档中适当的位置。

5．设置图像属性

在图像"属性"面板中，比较常设置的参数有："宽"和"高"、"替换"、"垂直边距"、"水平边距"、"边框"等。

6．图文混排

在网页中，经常出现文本和图像混排的现象。在学习表格等网页布局技术之前，要做到这一点就需要用到"属性"面板的"对齐"选项，"对齐"选项调整的是图像周围的文本或其他对象与图像的位置关系。在"对齐"下拉列表中共有10个选项，其中经常用到的是"左对齐"和"右对齐"两个选项。

8.2.5 使用表格布局页面

1．表格的概念

在网页制作中，表格的作用主要体现在两个方面，一个是组织数据，如各种数据表；另一个是布局网页，即把网页的各种元素通过表格进行有序布局。

一个完整的表格包括行、列、单元格、单元格间距、单元格边距（填充）、表格边框和单元格边框。表格边框可以设置粗细和颜色等属性，单元格边框粗细不可设置。另外，表格的HTML标签是"<table>"，行的HTML标签是"<tr>"，单元格的HTML标签是"<td>"。

一个包括 n 列表格的宽度=2×表格边框+（n+1）×单元格间距+2n×单元格边距+n×单元格宽度+2n×单元格边框宽度（1个像素）。掌握这个公式是非常有用的，在运用表格布局时，精确地定位网页就是通过设置单元格的宽度或者高度来实现的。

2．插入表格

在主菜单中选择"插入"→"表格"命令，或在"插入"→"常用"面板中单击 按钮打开"表格"对话框进行设置插入即可。

3．选择表格，设置其属性

将光标置于表格内，在主菜单中选择"修改"→"表格"→"选择表格"命令或在鼠标右键快捷菜单中选择"表格"→"选择表格"命令。选中表格，在"属性"面板中将显示表格的各项属性，同时也可以修改这些属性设置。

4．设置单元格属性

将光标置于单元格内，在单元格"属性"面板设置其属性，如图 8-17 所示。

图 8-17　单元格"属性"面板

5．插入嵌套表格

所谓嵌套表格，就是在表格的单元格中再插入表格。

将光标置于单元格内，在主菜单中选择"插入"→"表格"命令将在单元格中插入一个嵌套表格。嵌套表格嵌套的层数不宜过多，以 3～4 层为宜。

6．在表格中增加行或列方法

在主菜单中选择"修改"→"表格"→"插入行"或"插入列"命令或在鼠标右键快捷菜单中选择"表格"→"插入行"或"插入列"命令，将在光标所在行的上面插入一行或在列的左侧插入一列。

7．合并和拆分单元格

合并单元格首先需要选中这些单元格，单击"属性"面板中的 按钮。

拆分单元格首先需要将光标置于该单元格内，单击"属性"面板中的 按钮，将弹出"拆分单元格"对话框。在"拆分单元格"对话框中，"把单元格拆分"选项后面有"行"和"列"两个选项，这表明可以将单元格纵向拆分或者横向拆分，如图 8-18 所示。

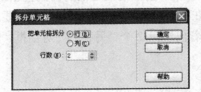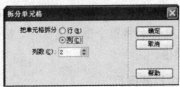

图 8-18　"拆分单元格"对话框

8．删除表格的行或列

如果要删除表格的行或列，可以先将光标置于要删除的行或列中，或者将要删除的行或列选中，然后在主菜单中执行"修改"→"表格"→"删除行"或"删除列"命令或在鼠标右键快捷菜单中选择"表格"→"删除行"或"删除列"命令即可。

8.2.6　创建框架网页

1．框架的概念

框架也是网页布局的工具之一，它能够将网页分割成几个独立的区域，每个区域显示独立的内容。框架的边框还可以隐藏，从而使其看起来与普通网页没有任何不同。

当创建框架网页时，Dreamweaver 就建立起一个未命名的框架集文件。框架集文件实际上就是框架的集合，每个框架又包含一个文档。也就是说，一个包含 4 个框架的框架集实际上存在 5 个文件：一个是框架集文件，其他的分别是包含于各自框架内的文件。

2．创建预定义框架集的方法

（1）在主菜单中选择"文件"→"新建"命令打开"新建文件"对话框，在"常规"选项卡中选择"框架集"命令。

（2）在"起始页"中选择"从范例创建"→"框架集"命令。

（3）在当前网页中单击"插入"面板中的"框架"工具按钮。

（4）在当前网页中选择主菜单中的"插入"→"HTML"→"框架"命令。

3．拆分框架

主菜单中选择"修改"→"框架页"命令，在弹出的子菜单中选择"拆分左框架"、"拆分右框架"、"拆分上框架"或"拆分下框架"命令可以拆分框架。这些命令可以反复用来对框架进行拆分，直至满意为止。

4．删除框架

如果在框架集中出现了多余的框架，这时需要将其删除。删除多余框架的方法比较简单，用鼠标将其边框拖到父框架边框上或拖离页面即可。

5．保存框架

由于一个框架集包含多个框架，每一个框架都包含一个文档，因此在保存框架网页的时候，要将所有的框架网页文档都保存下来。

在主菜单中选择"文件"→"保存全部"命令，整个框架边框的内侧会出现一个阴影框，同时弹出"另存为"对话框。因为阴影框出现在整个框架集边框的内侧，所以要求保存的是整个框架集，输入文件名将整个框架集保存。接着出现第 2 个"另存为"对话框，输入文件名继续保存，以此类推。

6．在框架中打开网页

将光标置于顶部框架内，在主菜单中选择"文件"→"在框架中打开"命令，将在框架内打开已存在的文档。

8.2.7　网页中各种链接的形式

1. 设置文本超级链接的方法

（1）在主菜单中选择"插入"→"超级链接"命令，或在"插入"→"常用"面板中单击（超级链接）按钮 ，打开"超级链接"对话框，如图 8-19 所示。

（2）用鼠标中文本，在"属性"面板的"链接"列表文本框中输入链接地址，在"目标"下拉列表中选择目标窗口打开方式。"目标"下拉列表中共有 4 项，如图 8-20 所示，"_blank"表示打开一个新的浏览器窗口；"_parent"表示回到上一级的浏览器窗口；"_self"表示在当前的浏览器窗口；"_top"表示回到最顶端的浏览器窗口。

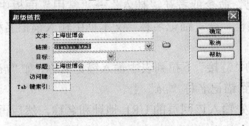

图 8-19　"超级链接"对话框　　　　　　　图 8-20　"属性"面板的目标设置

2. 设置空链接的方法

空链接是一个未指派目标的链接，在"属性"面板的"链接"文本框中输入"#"即可。通常，建立空链接的目的是激活页面上的对象或文本，使其可以应用行为。

3. 设置文本超级链接的状态

打开"页面属性"对话框，切换至"链接"分类，可以设置链接文本的字体、样式、大小，还可以为"链接颜色"、"已访问链接"、"变换图像链接"和"活动链接"设置不同的颜色，并设置"始终无下划线"。

4. 超级链接的种类

同一网站文档之间的链接称为内部链接，不同网站文档之间的链接称为外部链接。超级链接根据路径可分为两类：绝对路径和相对路径，相对路径又分文档相对路径和站点根目录相对路径。

5. 图像超级链接

用鼠标选中图像，然后在"属性"面板的"链接"文本框中输入图像的链接地址，并在"目标"下拉列表中定义目标窗口的打开方式。

6. 图像热点超级链接

用鼠标选中图像，然后在"属性"面板中单击"地图"下面的矩形或圆形或多边形热点工具按钮，并将光标移到图像上，按住鼠标左键绘制一个相应的区域，在"属性"面板中设置各项参数即可。

7. 设置电子邮件超级链接

（1）设置电子邮件超级链接的方法

在主菜单中选择"插入"→"电子邮件"命令或在"插入"→"常用"面板中单击 （电子邮件）按钮，打开"电子邮件链接"对话框进行设置即可，如图 8-21 所示。

（2）电子邮件超级链接的组成元素

"mailto："、"@"和"."这 3 个元素在电子邮件链接中是必不可少的。有了它们，才能构成一个正确的电子邮件链接。

图 8-21　"电子邮件链接"对话框

8. 设置锚记超级链接

（1）在主菜单中选择"插入"→"命名锚记"命令或者在"插入"→"常用"面板中单击 （命名锚记）按钮，打开"命名锚记"对话框，在"锚记名称"文本框中输入锚记名称，如"a"。

（2）用鼠标选中文本，然后在"属性"面板的"链接"下拉列表中输入锚记名称，如"#a"，或者直接将"链接"下拉列表后面的 图标拖曳到锚记名称"#a"上。

如果链接的目标锚记在其他网页中，则需要先输入该网页的 URL 地址和名称，然后再输入"#"符号和锚记名称，如"index.htm#a"、"http://www.888.com/index.htm#a"。

8.2.8　创建表单

1. 表单

在主菜单中选择"插入"→"表单"→"表单"命令可插入表单。任何其他表单对象，都必须插入到表单中，浏览器才能正确处理这些数据。表单将以红色虚线框显示，但在浏览器中是不可见的。将光标置于表单内，用鼠标单击左下方的"<form>"标签选中整个表单，可以在"属性"面板中设置表单属性。

2. 文本域

在主菜单中选择"插入"→"表单"→"文本域"命令插入文本域。当向密码文本域输入密码时，这种类型的文本内容显示为"*"号。

3. 单选按钮

在主菜单中选择"插入"→"表单"→"单选按钮"命令插入单选按钮。单选按钮一般以两个或者两个以上的形式出现，它的作用是让用户在两个或多个选项中选择一项。

4. 列表/菜单

在主菜单中选择"插入"→"表单"→"列表/菜单"命令，插入列表/菜单域。在"属性"面板中打开"列表值"对话框，添加"项目标签"和"值"。

5. 复选框

在主菜单中选择"插入"→"表单"→"复选框"命令，插入复选框。由于复选框在表单中一般都不单独出现，而是多个复选框同时使用，因此其"选定值"就显得格外重要。由于复选框的"复选框名称"不同,"选定值"可以取相同的值。

6. 文本区域

在主菜单中选择"插入"→"表单"→"文本区域"命令,插入一个文本区域。

7. 隐藏域

在主菜单中选择"插入"→"表单"→"隐藏域"命令,插入一个隐藏域。通常用隐藏域来传递一些特殊的信息,如注册时间、认证号等。

8. 按钮

在主菜单中选择"插入"→"表单"→"按钮"命令,插入按钮。

9. 文件域

在主菜单中选择"插入"→"表单"→"文件域"命令可以插入一个文件域,文件域的作用是使用户可以浏览并选择本地计算机上的某个文件,以便将该文件作为表单数据进行上传。当然,真正上传文件还需要相应的上传组件才能进行,文件域仅仅是起到供用户浏览选择计算机上文件的作用,并不起上传的作用。

10. 跳转菜单

在主菜单中选择"插入"→"表单"→"跳转菜单"命令,可以在页面中插入跳转菜单。跳转菜单的外观和菜单相似,不同的是跳转菜单具有超级链接功能。但是一旦在文档中插入了跳转菜单,就无法再对其进行修改了。如果要修改,只能将菜单删除,然后再重新创建一个。但"跳转菜单"行为可以弥补这个缺陷。方法是分别选定跳转菜单域和按钮,在"行为"面板中双击"跳转菜单"和"跳转菜单开始",将再次打开"跳转菜单"和"跳转菜单开始"对话框,然后进行修改即可。

11. 字段集

在主菜单中选择"插入"→"表单"→"字段集"命令,可以在页面中插入一个字段集。使用字段集可以在页面中显示一个圆角矩形框,可以将一些相关的内容放在一起。可以先插入字段集,然后再在其中插入相关的内容。也可以先插入内容,然后将其选择再插入字段集。

8.3 项目一:制作主题为"爱护地球"的网页

一、实训目的:学会使用 Dreamweaver CS4 定义并生成新站点,学习如何制作网页,比较熟练地掌握网页文本编辑、图片编辑、页面属性设置、超链接设置等基本操作。

二、要求:

用 Dreamweaver CS4 定义一个本地站点,站点名为"个人网站",制作网页文件 diqiu.html,并保存在该站点中。网页效果如图 8-22 所示。

三、详细操作步骤:

1. 用 Dreamweaver CS4 定义一个本地站点,站点名为"个人网站",对应站点文件夹为

"myweb"，在站点中建立文件夹 images、flash，如图 8-23 所示。

● 建站点，首先在 D 盘根目录下新建一个名"myweb"文件夹作为站点文件夹，启动 Dreamweaver，单击"站点"菜单下的"新建站点"命令，在弹出的对话框中单击"高级"选项，设置站点名称为"个人网站"；本地根文件夹为"D：\myweb"，设置完成后单击"确定"按钮，如图 8-24 所示。

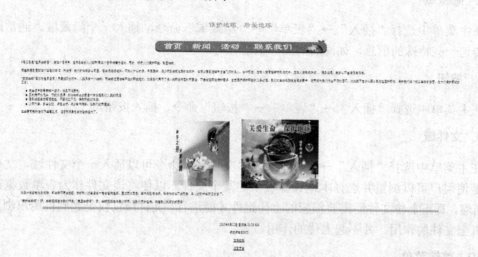

图 8-22   "diqiu.html"网页效果

图 8-23   站点文件

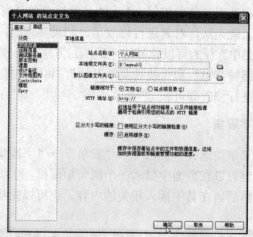

图 8-24   站点定义

● 在"文件"面板中右键单击站点的根文件夹"站点-个人网站（D:\myweb）"，在弹出的快捷菜单中选择"新建文件夹"命令，新建一个文件夹，命名为"images"，以同样方式再新建一个名为"flash"文件夹。

2．将"实验素材\第六章\ 项目 1"文件夹中的"保护地球.doc"文档复制到站点下，将"bj1.jpg、tu1.jpg、tu2.jpg、tu3.jpg 、tu4.jpg"图片复制在 images 文件夹中，结果如图 8-25 所示。

● 在"文件"面板的站点名称下拉列表中选择"实验素材\第六章\项目 1"文件夹，选中"保护地球.doc"文档，单击鼠标右键，选择快捷菜单中的"编辑"→"复制"命令；

在站点名称下拉列表中重新选择站点名称"个人网站",右键
单击站点根目录,选择快捷菜单中的"编辑"→"粘贴"命
令,将文件复制到站点根目录下。

- 使用上述方法将"实验素材\第六章\ 项目 1"文件夹下的
"bj1.jpg、tu1.jpg、tu2.jpg、tu3.jpg、tu4.jpg"图片复制到"个
人网站"根目录下的"images"子目录中。

3.新建网页文件 diqiu.html,并保存在该站点中。在网页中导入
该站点中的"保护地球.doc"文件,设置网页背景图片为"bj1.jpg",
设置网页标题为"保护地球"。

- 在主菜单中选择"文件"→"新建"命令,打开"新建文档"　　图 8-25　站点文件
对话框,选择"空白页"和"html"页面类型,"无"布局,
单击【创建】按钮,如图 8-26 所示,在主菜单中选择"文件"→"保存"命令,在"另
存为"对话框中选择文件保存在"D:\myweb"文件中,输入文件名为"diqiu.html",
单击【创建】按钮,如图 8-27 所示。

图 8-26　"新建文档"对话框

- 在主菜单中选择"文件"→"导入"→"Word 文档"命令,打开"导入 Word 文档"
对话框,选择"保护地球.doc"文件,单击【打开】按钮,完成导入。
- 在主菜单中选择"修改"→"页面属性"命令,在"页面属性"对话框选择"外观
(CSS)"分类,单击背景图像右侧的"浏览"按钮,启动"选择图像源文件"对话框,
选择"bj1.jpg"图片设置为页面背景图片,单击【确定】按钮,如图 8-28 所示,单击
【应用】按钮。
- 选择"标题/编码"分类,在"标题"框内输入标题"保护地球",如图 8-29 所示,单
击【确定】按钮。

4.设置文档标题"保护地球,珍爱地球"字体格式设置为隶书、大小为 38px,颜色为#6c9
(CSS 目标规则名称定为.a1),且居中。

219

在标题下方插入了一条灰色的水平线。

● 在【属性】面板中的宽度设为90%，高度为6，"阴影"不选，如图8-36所示。

图8-35　"列表属性"设置　　　　　　　　　　　　图8-36　设置水平线属性

● 选中"水平线"，单击鼠标右键，在快捷菜单中选择"编辑标签"命令，在出现的"编辑标签器"对话框中选择"浏览器特定的"，按图8-37所示输入"#66FF99"以设置水平线的颜色。

● 将光标定位在水平线下方，选择"插入"工具栏"常用"选项卡中的"日期"按钮，在"插入日期"对话框中选择"星期格式"为"星期四"，"日期格式"为"1974年3月7日"，"时间格式"为"10：18PM"，选取"储存时自动更新"复选框，如图8-38所示，单击【确定】按钮。

 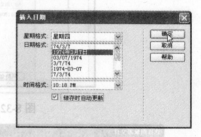

图8-37　水平线标签编辑器　　　　　　　　　图8-38　插入日期对话框

7．在倒数第二段上方插入图片tu2，设置图片宽300像素，高300像素，水平边距60；为图片添加"关爱环境"的说明，使其在浏览时，鼠标移上去停留后会自动显示该文字；在该图片右侧插入鼠标经过图像"tu3.jpg"和"tu4.jpg"；设置宽度和高度为400像素和300像素。

● 将光标定位在倒数第二段文字前面，按【Enter】键，使光标居中，选择"插入"→"图像"命令，在"选择图像源文件"对话框中选择"tu2.jpg"图片文件，单击【确定】按钮，再次单击【确定】按钮。

● 选取"tu2.jpg"图片，在图像的"属性"面板中输入"宽度"为300像素."高度"为300像素，"水平边距"为60，"替换"文本为"关爱环境"。

● 将光标定位在"tu2.jpg"图片右边，选择"插入"→"图像对象"→"鼠标经过图像"。

● 打开"鼠标经过图像"对话框，单击"原始图像"旁的【浏览】按钮，在"原始图像"对话框中选择"tu3.jpg"图片，单击【确定】按钮，单击"鼠标经过图像"旁的【浏览】按钮，在"鼠标经过图像"对话框中选择"tu4.jpg"图片，单击【确定】按钮，如图8-39所示，再次单击【确定】按钮。

● 选取"tu4.jpg"图片，在图像的【属性】面板中输入"宽度"为400像素，"高度"为300像素。

8．在时间的下方输入文字"版权所有©2013"，软回车换行后输入"友情链接"，添加链接至："http：//www.gecoi.org" 并能在新窗口中打开。

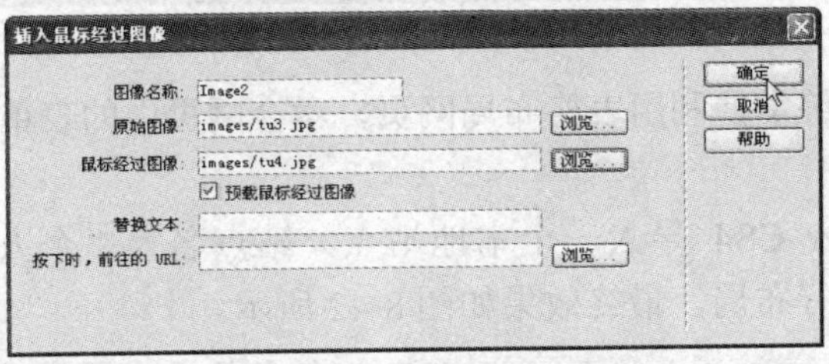

图 8-39 鼠标经过图像设置

● 在时间右边按【Shift+Enter】组合键，输入软回车。

在文档末输入文字"版权所有 2013"，光标定位在"版权所有"之后，选择"插入"→"HTML"→"特殊字符"→"版权"命令，输入"©"符号，输入软回车。

● 输入文字"友情链接"，选中该文字，选择"属性"面板中的"html"选项，在"链接"框中输入链接地址"http：//www.gecoi.org"，在"目标"列表中选择"_blank"。

9．在文末添加"返回顶部"文字，单击"返回顶部"文字，可跳转到文档顶部。

● 将光标置于网页首行，选择"插入"工具栏"常用"选项卡中的【命名锚记】按钮 
　　　命名锚记　　　，输入锚记名称为"top"。

● 在文档末输入文字"返回顶部"，选中"返回顶部"四字，在"属性"面板"链接"下拉框右侧按下【指向文件】按钮，拖动鼠标指向之前在网页首行插入的锚记并松开。

10．设置链接颜色为：红色（#F00），已访问链接颜色为：灰色（#333），活动链接颜色为：绿色（#9F0）。

● 在主菜单中选择"修改"→"页面属性"命令，在"页面属性"对话框选择"链接（CSS）"分类，将"链接颜色"设置为"#F00"，将"已访问链接"设置为"#333"，将"活动链接"设置为"#9F0"，如图 8-40 所示。

11．导出站点，生成"个人网站.ste"文件。

● 在单击"站点"菜单下的"管理站点"命令，打开"管理站点"对话框，选中"个人网站"，单击【导出】按钮，如图 8-41 所示；在打开的"导出站点"对话框中选择文件保存在 D：\上，单击【保存】按钮，最后单击"管理站点"对话框中的【完成】按钮。

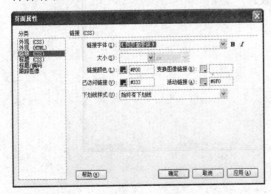

图 8-40 "链接（CSS）"对话框

图 8-41 站点管理

8.4　项目二：利用表格布局制作班级主页以及用户注册页

一、实训目的：熟练掌握利用表格布局网页，学会网页中的表单制作。

二、要求：

1. 用 Dreamweaver CS4 导入一个本地站点，站点名为"个人网站"， 制作网页文件 banji.html，利用表格进行布局，最终效果如图 8-42 所示。

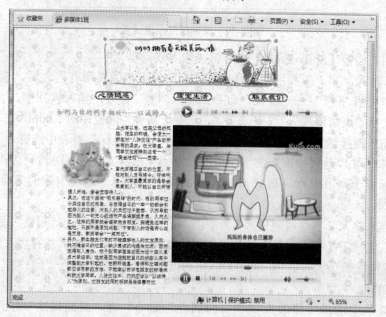

图 8-42　"banji.html"网页效果

2. 制作用户注册表网页文件 zhucebiao.html，利用表单制作，最终效果如图 8-43 所示。

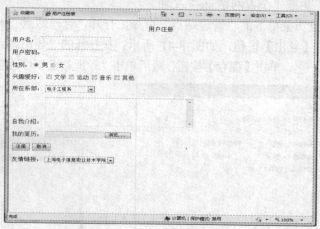

图 8-43　用户注册表样张

三、详细操作步骤：

1. 用 Dreamweaver CS4 导入一个本地站点，站点名为"个人网站"，对应站点文件夹为 "myweb"，将"实验素材\第 8 章\ 项目 2"文件夹中的"如何与你同学相处.txt"文本文件复制到站点下，将"bj2.jpg、img1.jpg、img2.jpg 、img3.jpg、tp.gif、mao.gif"图片复制到 images 文件夹中，将"FAMILY.mpeg、gohome.mp3"复制到 Flash 文件夹中。

● 在单击"站点"菜单下的"管理站点"命令，打开"管理站点"对话框，选中"个人网站"，单击【导入】按钮；在打开的"导入站点"对话框中选择文件保存在 D：\ 个人网站.ste，单击【保存】按钮，最后单击"管理站点"对话框中的【完成】按钮。

● 在"文件"面板的站点名称下拉列表中选择"实验素材\第 8 章\ 项目 2"文件夹，选中"如何与你同学相处.txt" 文本文件，单击鼠标右键，选择快捷菜单中的"编辑"→ "复制"命令；在站点名称下拉列表中重新选择站点名称"个人网站"，右键单击站点根目录，选择快捷菜单中的"编辑"→ "粘贴"命令，将文件复制到站点根目录下。

● 使用上述方法将"实验素材\第 6 章\ 项目 2"文件夹下的"bj2.jpg、img1.jpg、img2.jpg 、img3.jpg、tp.gif、mao.gif"图片复制到"个人网站"根目录下的"images"子目录中。将"FAMILY.mpeg、gohome.mp3"复制到 flash 文件夹中。

2. 新建网页文件 banji.html，并保存在该站点中。设置网页标题为：多媒体 1 班；设置网页背景图像为 bj2.jpg。

● 在主菜单中选择"文件"→ "新建"命令，打开"新建文档"对话框，选择"空白页"和"html"页面类型，"无"布局，单击【创建】按钮，在主菜单中选择"文件"→ "保存"命令，在"另存为"对话框中选择文件保存在"D：\myweb"文件中，输入文件名为"banji.html"，单击【创建】按钮。

● 在主菜单中选择"修改"→ "页面属性"命令，在"页面属性"对话框选择"标题/编码"分类，在"标题"框内输入标题"多媒体 1 班"，单击【应用】按钮；选择"外观（CSS）"分类，单击背景图像右侧【浏览】按钮，启动"选择图像源文件"对话框，选择"bj2.jpg"图片设置为页面背景图片，单击【确定】按钮。

3. 在 banji.html 网页第 1 行插入一个 4 行 3 列的表格，设置表格属性：对齐方式水平居中、指定宽度为 900 像素、边框线宽度 0、单元格边距为 0、单元格间距 4，合并第 1 行所有单元格，分别合并第 3、4 行的第 2 列和第 3 列，设置表格内第一行单元格属性为水平和垂直均居中。

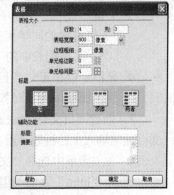

图 8-44 "表格"对话框

● 将光标置于空白页，在"插入"工具栏中选择"常用"选项卡中的【表格】按钮，在"表格对话框"中设置表格参数为 4 行 3 列，设置表格宽度为 900 像素，设置边框粗细为 0，单元格边距为 0、单元格间距 4，如图 8-44 所示，单击【确定】按钮。单击表格的外框，选中表格，在"属性"面板的"对齐"下拉框中选中"居中对齐"选项。

● 将插入点置于表格第一行第一列单元格，拖动鼠标选中第一行所有单元格，选择 "修改"→ "表格"→ "合并单元格"菜单命令，按上述方式选中第 3 行的第 2 列和第 3 列单元格合并，选中第 4 行的第 2 列和第 3 列单元格合并。

● 将光标定位于第一行单元格中，在"属性"面板的"水平"和"垂直"下拉框中分别选择"居中"。

4．在表格的第 1 行中插入 tp.gif，设置其宽度为 700 像素，高度为 160 像素，在表格的第 2 行的第 1、2、3 列中分别插入"img1.jpg、img2.jpg 、img3.jpg"。

- 将光标定位于第一行单元格中，插入"tp.gif"图片文件；选取"tp.gif"图片，在图像的"属性"面板中输入"宽度"为 700 像素，"高度"为 160 像素。
- 在表格的第 2 行的第 1、2、3 列中分别插入"img1.jpg、img2.jpg 、img3.jpg"。

5．在表格的第 3 行第 2 列单元格插入声音文件"gohome.mp3"，设置宽为 500 像素，高为 50 像素。在表格的第 4 行第 2 列单元格插入视频文件"FAMILY.mpeg"，设置宽为 500 像素，高为 500 像素。

- 在主菜单中选择"插入"→"媒体"→"插件"选项，打开"选择文件"对话框，选取要插入的音频文件"gohome.mp3"，单击【确定】按钮。
- 在主菜单中选择"插入"→"媒体"→"插件"选项，打开"选择文件"对话框，选取要插入的视频文件"FAMILY.mpeg"，单击【确定】按钮。
- 选中上述添加的音频或视频对象，在"属性"面板中修改"高"和"宽"等属性，以适应页面需要，"gohome.mp3"，设置宽为 500 像素，高为 50 像素；"FAMILY.mpeg"，设置宽为 500 像素，高为 500 像素。

6．设置第 3 行第 1 列单元格宽度为 400，在该单元格插入文本文件"如何与你同学相处.txt"中的文本并编辑，标题"如何与你的同学相处——以诚待人"文字字体为华文楷体、24 像素，颜色为#9C0（CSS 目标规则名称定为.a2）。在正文文字前添加图片"mao.gif"，并设置图片布局对齐方式为左对齐。

- 将光标定位于第 3 行第 1 列单元格中，将"属性"面板的"宽"设为"400"，选中"文件"面板中的"如何与你同学相处.txt"文本文件，直接拖曳到第 3 行第 1 列单元格中。
- 选择"窗口"→"CSS 样式"命令，打开"CSS 样式"面板，在"CSS 样式"面板中单击"新建 CSS 规则"按钮，打开"新建 CSS 规则"对话框，在对话框的"选择器类型"下拉列表框中选择"类"选项，然后在"选择器名称"下拉列表框中输入".a2"，在"规则定义"下拉列表框中选择"（仅限该文档）"选项，单击【确定】按钮后，打开".a2 的 CSS 规则定义"对话框，选择"类型"分类，在"font-family"中选择"华文楷体"，在"font-size"中输入"24 像素"，选择"color"为"#9C0" 选中文档标题"如何与你的同学相处——以诚待人"，单击"属性"面板上的"HTML"选项，选择"类"下拉列表中的".a2" CSS 样式。
- 光标定位在正文"上大学以后"之前，插入图片"mao.gif"，选中图片，在图像的"属性"面板中的"对齐"下拉列表中选择"左对齐"。

7．新建网页文件 zhucebiao.html，并保存在该站点中。设置网页标题为：用户注册表，在文档顶部输入文档标题"用户注册"，并居中；根据图 8-43 所示，设计"用户注册表"表单。

- 在主菜单中选择"文件"→"新建"命令，打开"新建文档"对话框，选择"空白页"和"html"页面类型，"无"布局，单击【创建】按钮，在主菜单中选择"文件"→"保存"命令，在"另存为"对话框中选择文件保存在"D：\myweb"文件中，输入文件名为"zhucebiao.html"，单击【创建】按钮。
- 在主菜单中选择"修改"→"页面属性"命令，在"页面属性"对话框选择"标题/编码"分类，在"标题"框内输入标题"用户注册表"，选择"外"，单击【确定】按钮。

● 在文档顶部输入文字"用户注册",并居中。

8. 表单中用户名字符宽度为 25,最多字符数为 25;密码字符宽度为 20;设置单选按钮组(名称为 xb)中的"男"为默认选项;在兴趣爱好后面添加复选按钮,"文学"、"运动"、"音乐","其他"。

● 选择"插入"工具栏上的"表单"选项卡,如图 8-45 所示。

图 8-45 "表单"选项卡

● 将光标定位在第 2 行,单击插入【表单域】按钮 ,在光标所在行插入了红色虚线框表单域,在红色虚线框内单击【文本字段】按钮 ,启动"输入标签辅助功能属性"对话框,在"标签"内输入用户名,如图 8-46 所示,单击【确定】按钮。

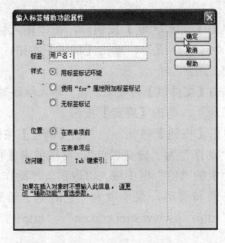

图 8-46 "输入标签辅助功能属性"对话框

● 在"属性"面板中设置字符宽度和最多字符数均为"25",如图 8-47 所示。

图 8-47 文本域"属性"面板

● 光标定位大用户名下方,单击【文本字段】按钮,启动"输入标签辅助功能属性"对话框,在"标签"内输入密码:××××××,单击【确定】按钮,在"属性"面板中设置字符宽度为"20",选择"类型"为"密码"。

● 在下一行输入文字"性别:",单击【单选按钮】按钮 ,在"输入标签辅助功能属性"对话框的"标签"内输入"男",单击【确定】按钮,选中插入的单选按钮,在"属性"面板上设置"初始状态"为"已勾选",单选按钮名称改为"xb",以同样方式继续插入名称为"xb"单选按钮,"标签"内输入"女"。

● 在下一行输入文字"兴趣爱好:"单击【复选框】按钮 ,在"输入标签辅助功能属性"对话框的"标签"内输入"文学",重复单击【复选框】按钮,分别在"标签"内输入

"运动"、"音乐"，"其他"。

9．添加列表项"所在系部"，列表内容为"计算机应用系"、"电子工程系"、"机电工程系""通信与信息工程系""经济与管理系"，类型为"列表"，初始选定"电子工程系"。

● 光标定位下一行，单击【列表/菜单】按钮🔲，在"输入标签辅助功能属性"对话框的"标签"内输入"所在系部"，选择插入的列表项，在"属性"面板中选择"菜单"类型。

● 在"属性"面板单击"列表值"按钮 列表值... ，在"列表值"对话框中单击"添加"按钮，在"项目标签"中输入"计算机应用系"，然后连续单击【添加】按钮，在"项目标签"中陆续输入"电子工程系"、"机电工程系""通信与信息工程系""经济与管理系"，单击【确定】按钮，在"属性"面板中"初始化时选定"设为"电子工程系"。

10．插入字符宽度 45，行数为 5 的多行文本区域，添加"我的简历"文件域，添加两个按钮"注册"和"取消"。

● 光标定位下一行，单击【文本区域】按钮🔲，在"输入标签辅助功能属性"对话框的"标签"内输入"自我介绍"，单击【确定】按钮，在"属性"面板中设置字符宽度为 45，行数为 5。

● 光标定位下一行，单击【文件域】按钮🔲，在"输入标签辅助功能属性"对话框的"标签"内输入"我的简历"，单击【确定】按钮。

● 光标定位下一行，单击【按钮】按钮🔲，单击【确定】按钮，在"属性"面板的"值"框中输入"注册"，"动作"为"提交表单"，再次单击【按钮】按钮，单击【确定】按钮，在"属性"面板的"值"框中输入"取消"，"动作"为"重设表单"。

11．添加"友情链接"跳转菜单，菜单项为"上海电子信息职业技术学院"、"易班"和"东方网"，分别转向"http：//www.stiei.edu.cn"、"http：//www.yiban.cn"和"http：//www.eastday.com"。

● 在下一行输入文字"友情链接："，单击【跳转菜单】按钮🔲，打开"插入跳转菜单"对话框，在对话框的文本框中输入"上海电子信息职业技术学院"，在"选择时，转到 URL"框内输入"http：//www.stiei.edu.cn"。

● 单击添加按钮，按上述方法在相应的框内输入"易班"和"东方网"以及对应的网址。

8.5 项目三：利用框架集布局制作个人主页

一、实训目的：学会使用框架及框架集布局网页，掌握框架面板的使用，以及框架和框架集的属性设置、框架超级链接目标的设置。

二、要求：

启动 Dreamweaver CS4，选择"个人网站"，在该站点中新建框架集文件 index.html，内含三个框架文件（上方固定，左侧嵌套），顶框架文件 tp.html，左框架文件 left.html，在主框架中打开 diqiu.hmtl 文件。网页效果如图 8-48 所示。

三、详细操作步骤：

1．启动 Dreamweaver CS4，选择"个人网站"，将"实验素材\第 8 章\ 项目 3"文件夹中"h1.gif、welcome.gif"图片复制到 images 文件夹中，将"welcome.swf"动画复制到 Flash 文

件夹中。

● 启动 Dreamweaver CS4，通过"文件"面板切换到"个人网站"，在"文件"面板的站点
名称下拉列表中选择"实验素材\第 6 章\ 项目 3"文件夹，选中"h1.gif、welcome.gif"
图片文件，右单击选择快捷菜单中的"编辑"→"复制"命令；在站点名称下拉列表中
重新选择站点名称"个人网站"，右键单击站点根目录，选择快捷菜单中的"编辑"→
"粘贴"命令，将文件复制到站点根目录下。

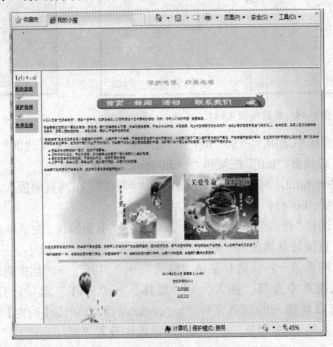

图 8-48   "index.html"网页效果

● 使用上述方法将"实验素材\第 6 章\ 项目 3"文件夹下的"welcome.swf"动画复制到
"个人网站"根目录下的"到 flash"子目录中。

2．在该站点中新建框架集文件 index.html，内含三个框架文件（上方固定，左侧嵌套），
顶框架文件 tp.html，左框架文件 left.html，在主框架中打开 diqiu.hmtl 文件。

● 在主菜单中选择"文件"→"新建"命令，打开"新建文档"对话框，在最左侧选中
"示例中的页"选项，在"示例文件夹"列表框中选择"框架页"选项，在"示例页"
列表框中选"上方固定，左侧嵌套"选项，如图 8-49 所示，单击【创建】按钮。

● 在主菜单中选择"文件"→"框架集另存为"命令，将框架集文件保存为 index.html；
单击选择上框架，在主菜单中选择"文件"→"框架集另存为"命令，将上框架文件
保存为"tp.html"；单击选择左框架，在主菜单中选择"文件"→"框架集另存为"
命令，将左框架文件保存为"left.html"；单击选择右框架，在主菜单中选择"文件"
→"在框架中打开"命令，选择打开已有的"diqiu.hmtl"文件。

3．调整框架的边框，使得恰好显示上方框架和左侧框架的内容，显示边框线，右面的边
框设置为显示滚动条。

● 调整网页中框架的边框，使得恰好显示上方框架和左侧框架的内容。

● 在主菜单中选择"窗口"→"框架"命令，打开"框架"面板，如图 8-50 所示。

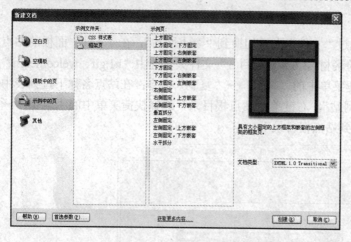

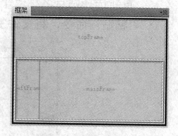

图 8-49 新建框架集网页　　　　　　　　图 8-50 "框架"面板

● 在"框架"面板中选中上方的"top"框架，在"属性"面板"边框"下拉框选择"是"；按同样的方式设置"left"框架和"mainFrame"框架的属性。

4. 顶端架文件 tp.html，网页背景颜色设置为"#9FC"，在网页中插入"welcome.swf"动画，设置动画的宽度：600px，高：150px，并居中。

● 在主菜单中选择"修改"→"页面属性"命令，在"页面属性"对话框选择"外观（CSS）"分类，设置页面背景颜色为"#9FC"。

● 光标定位在网页第一行，选择菜单"格式"→"对齐"→"居中对齐"命令，使光标居中；在主菜单中选择"插入"→"媒体"→"SWF"选项，打开"选择文件"对话框，选取要插入的动画文件"welcome.swf"，单击【确定】按钮。

● 选中上述插入的 flash 对象，在"属性"面板中设置"宽度"为"600px"和"高度"为"150px"，"品质"为"高品质"；单击播放按钮预览影片，单击停止按钮停止播放，选取自动播放复选框。

● 在主菜单中选择"文件"→"保存全部"命令。

5. 左框架文件 left.html，参照图 8-52 制作，网页背景颜色设置为"#FDFDFD"，在网页中插入 6 行 1 列表格，设置表格属性：指定宽度为 125 像素、边框线宽度为 0、单元格边距为 0、单元格间距为 0，参照图 8-51 所示在表格内插入"h1.gif、welcome.gif"图片与文字，并对文字所在单元格设置背景色：#CCCCCC。

图 8-51 "left.html"网页效果

● 在主菜单中选择"修改"→"页面属性"命令，在"页面属性"对话框选择"外观（CSS）"分类，设置页面背景颜色为"#FDFDFD"。

● 将光标置于空白页，在"插入"工具栏中选择"常用"选项卡中的"表格"按钮，在"表格对话框"中设置表格参数为 6 行 1 列，设置表格宽度为 125 像素，设置边框粗细为 0，单元格边距为 0、单元格间距为 0，单击【确定】按钮。

● 将光标定位于第一行单元格中，选择"插入"→"图像"命令，在"选择图像源文件"对话框中选择"welcome.gif"图片文件，单击【确定】按钮，再次单击【确定】按钮；选取"welcome.gif"图片，在图像的"属性"面板中输入"宽度"为 120 像素，"高度"

为40像素。

- 在第二行单元格输入文字"我的班级"光标定位在该单元格内，在"属性"面板的"背景颜色"中选择灰色（#CCCCCC），按上述方式在第四行和第六行单元格内输入文字"保护地球"和"欢迎注册"，设置单元格背景颜色为灰色。
- 在"文件"面板中选中"h1.gif"图片文件，拖动至表格第三行单元格表格，按同样方式在第五行插入"h1.gif"图片文件。
- 在主菜单中选择"文件"→"保存全部"命令。

6. 为"我的班级"、"保护地球"、"欢迎注册"分别链接到"banji.html"、"diqiu.html"和"zhucebiao.html"，并且在右侧主框架打开。

- 选中左框架中"我的班级"四字，在"属性"面板"链接"下拉框右侧按下【指向文件】按钮，拖动鼠标指向"banji.html"文件，然后在"目标"下拉框中选择"mainFrame"，表示单击该链接在右框架中打开网页文件。
- 按上述同样方法将"保护地球"、"欢迎注册"分别链接到"diqiu.html"和"zhucebiao.html"，并且在"目标"下拉框中选择"mainFrame"。

8.6　课后操作习题

题目：制作一张"欢迎来到美丽的朱家角"主页，效果如图8-52所示。

图8-52　"欢迎来到美丽的朱家角"主页效果图

具体要求如下。

1. 启动 Dreamweaver CS4，将"实验素材\第8章\wy1"文件夹复制 D:\下，并利用"站点"→"新建站点"命令建立"朱家角"站点。

2. 新建主页 index.html，保存在该站点中；设置网页标题为"欢迎来到美丽的朱家角"；

设置网页背景图片为 bg.jpg；第 1 行插入一个 6 行 3 列的表格，设置表格属性：居中对齐、边框线宽度及单元格填充设为 0、单元格间距设置为 10。

3. 按样张，合并第 1 行第 1 列和第 2 行第 1 列的单元格，并在其中插入图片 zhu1.jpg，设置该图片的宽度为 336，高度为 239，并设置该图片中左侧第一桥洞部分超链接到"qiao.html"，网页以新窗口方式打开。设置图片所在单元格与图片同宽。

4. 按样张，合并第 1 行第 2 列和第 3 列的单元格，在单元格内输入文本"朱家角六景"，设置"朱家角六景"文字格式（CSS 目标规则名定为.b1）的字体为黑体，大小为 30px，加下画线，颜色为#325118，设置在该单元格内水平垂直均居中对齐；按样张在表格第 2 行第 2 列和第 3 列单元格内插入文字（文字可从"朱家角六景.txt"中获得），文字在单元格内水平左对齐，垂直顶端均对齐。

5. 按样张，合并第 3 行的第 1-3 列单元格，调整该单元格高度为 30px 后插入水平线，并设置水平线的宽度为 90%，高度为 5，颜色为#325118。

6. 按样张，在表格的第 4 行第 1 列单元格输入文本"朱家角简介"，设置"朱家角简介"文字格式（CSS 目标规则名定为.b2）的字体为隶书，大小为 36px，颜色为#325118，粗体。

7. 按样张，合并第 5 行第 1 列和第 6 行第 1 列的单元格，在合并后单元格内插入文本文件"朱家角.txt"中的文本并编辑，设置正文字体格式（CSS 目标规则名定为.b3）字体为隶书、14 像素（或 12 磅），颜色为（#996633），在该表格的文字前插入 8 个半角空格。

8. 按样张，合并第 4 行第 2 列和第 5 行第 2 列的单元格，并在其中插入图片 zhu2.jpg，设置该图片的宽度为 250，高度为 200，为图片添加"渔米之乡"的说明，使其在浏览时，鼠标移上去停留后会自动显示该文字。

9. 在表格第 4 行第 3 列单元格输入"问卷调查"之后居中，设置在该单元格内水平垂直均居中对齐；按样张，在表格第 5 行第 3 列单元格内创建表单，在表单中添加"喜欢"，"不喜欢"，两个单选按钮（组名 xh）；在"您的建议："后插入文件域，最后插入两个按钮"提交"和"重置"。

10. 按样张，为表格第 2 行第 2 列中的文字"课植园"设置超链接到"http://zhujj.shqp.gov.cn"，在新窗口中打开；在表格第 6 行第 2 列输入文字"版权所有朱家角旅游网"，并在文字中插入版权符号。在表格第 6 行第 3 列输入文字"联系我们"，将"联系我们"设置为单击后可发送电子邮件到"zhu@zhu.com"。

11. 在本页顶部的文字"朱家角六景"前添加书签（锚）LM，在表格下方输入文字"返回页首"并居中，并对"返回页首"设置链接，链接到书签（锚）LM。设置已访问链接颜色为：灰色（#333）。

操作提示：利用 WY1 文件夹中的素材（图片素材在 wy1\images 中，动画素材在 wy1\flash 中），按题目要求制作或编辑网页，结果保存在原文件夹中。

二、题目：制作一个"旅游网站"，其中包含了一张框架集主页"index.hmtl"及一张"shanghai.html"网页，效果如图 8-53 和图 8-54 所示；利用 WY2 文件夹中的素材（图片素材在 wy1\images 中，动画素材在 wy1\flash 中），按以下要求制作或编辑网页，结果保存在原文件夹中。

具体要求如下。

1. 启动 Dreamweaver CS4，将"实验素材\第 8 章\ wy2"文件夹复制 D：\下，并建立"旅游网站"站点。

图 8-53　index.html 网页效果　　　　　图 8-54　shanghai.html 网页效果

2．在该站点中新建框架集文件 index.html，标题为"欢迎来到旅游网"，内含三个框架文件（上方固定，左侧嵌套），上、左、右框架内的网页文件名分别为 top.html、left.html、right.html。调整框架的边框，各框架的大小与样张基本相同即可，并显示边框线。

3．按样张在 top.html 网页顶端插入动画，动画文件名为"zy.swf"，设置动画的宽度：600px，高：165px，水平边距（水平间距）：20px，对齐：居中，且循环自动播放。

4．按样张在 left.html 中插入一个 3 行 1 列的表格，设置表格属性：指定宽度为 100 像素，所有单元格的高度均为 100 像素，边框线宽度和单元格间距都设置为 0；设置表格第 1 行的背景颜色为粉红色（#FF999A）；第 2 行的背景颜色为橘黄色（#FECC65）；第 3 行的背景颜色为浅绿色（#CCFF99）；单元格中分别输入"主页""上海旅游""联系我们"；文字在单元格内水平、垂直均居中对齐。

5．设置"主页"与"index.htm"相链接，目标框架为"整页（_top）"；"上海"与"shanghai.html"相链接，目标框架为"新建窗口（_blank）"；"联系我们"与电子邮件地址"ly@ly.com"相链接。

6．在 right.htm 网页中，插入一个 2 行 2 列的表格，设置表格属性：边框线宽度 0、单元格衬距（填充）为 0、单元格间距 0，水平居中，指定宽度为浏览器窗口的 90%；并按样张在表格中输入"test1.txt"的内容，插入图片（图片文件 001.jpg），输入文字"三山"，设置"三山"文字格式（CSS 目标规则名定为.c1）的字体为"华文彩云"、大小为"96"、颜色为"#9F6"。图文混排效果与样张大致相同。

7．在 right.htm 网页的表格的第 2 行第 1 列按样张插入表单，将 E-mail 文本框的宽度设置为 30 个字符；在旅游时间后面添加单选按钮，"1-4"、"5-8"、"9-12"，默认为"1-4"；（组名为 sj）在国籍后面添加下拉列表，列表内容包含三项"美国"、"中国"、"印度"，默认为"中国"；表单最下方添加"递交"和"重填"按钮。

8．打开 shanghai.html 网页，网页的标题设置为"上海旅游"，设置网页背景图片为"002.gif"；在网页中插入 4 行 1 列的表格，设置表格属性：表格宽度为 600 像素，居中对齐，边框线宽度、单元格填充、单元格间距均设置为 0。

9．在第 1 行中输入文字"上海旅游"，设置"上海旅游"文字格式（CSS 目标规则名定为.c2）的字体为 "华文新魏"、大小为"24px"、颜色为"#3300CC"、"加粗"。

10．把第 2 行单元格拆成 3 列，分别输入文字"主页""旅游景点""用户注册"；"主页"与"index.htm"相链接，在新窗口中打开；"旅游景点"与"right.html"相链接,；在第 3 行单元格内插入水平线，并将该水平线设置成宽度为 600 像素，高 2 像素，颜色为"红色"（#FF0000）。

11．在第 4 行单元格内再插入一个 2 行 2 列的表格，并将该表格设置为宽度 100%，无边框。在嵌套表格的第 1 行第 1 列插入名为 003.jpg 的图片，设置图片的宽度：336px，高：278px，垂直边距和水平边距均为：10px；在第 1 行第 2 列内插入"test2.txt"文件中的第 1 自然段内容，将第 2 行第 1 列、第 2 列单元格合并，并在内插入"test2.txt"文件中的第 2 自然段内容。

12．在网页底部输入 TOP，将其链接到网页顶端；将该网页中的"链接颜色"、"已访问链接"

及"活动链接"的颜色均设置为"#2BAA7F"。

8.7 课后练习与指导

一、选择题

1．HTML 代码<img src="name">表示（   ）。

    A．添加一个图像   B．排列对齐一个图像

    C．设置围绕一个图像的边框的大小   D．加入一条水平线

2．在网页的表单中允许用户从一组选项中选择多个选项的表单对象是（   ）。

    A．单选按钮   B．列表   C．复选框   D．跳转菜单

3．在 HTML 中，标记〈font〉的 size 属性最大取值可以是（   ）。

    A．6   B．7   C．8   D．9

4．网页标题可以在（   ）对话框中修改。

    A．首先参数   B．页面属性   C．编辑站点   D．标签编辑器

5．网页设计软件中的 CSS 表示（   ）。

    A．数据库   B．行为   C．时间线   D．样式表

6．在制作网页时，一般不选用的图像文件格式是（   ）。

    A．JPG 格式   B．GIF 格式   C．BMP 格式   D．PNG 格式

7．以下（   ）不属于 Dreamweaver CS4 提供的热点创建工具。

    A．矩形热点工具   B．圆形热点工具

    C．多边形热点工具   D．指针热点工具

8．在 Dreamweaver CS4 表单中，关于文本域说法错误的是（   ）。

    A．密码文本域输入值后显示为"*"

B．多行文本域不能进行最大字符数设置

C．多行文本域的行数设定以后，输入内容不能超过设定的行数

D．密码文本和单行文本域一样，都可以进行最大字符数的设置

9．建立电子邮件的超链接时，在属性面板的文本框中输入（　　）+电子邮件地址。

A．mali to　　　　B．mail to　　　　C．mailto　　　　D．mailto:

10．在网页设计中，（　　）的说法是错误的。

A．可以给文字定义超级链接

B．可以给图像定义超级链接

C．不能对图像某部分定义超级链接

D．链接、已访问过的链接、当前访问的链接可设为不同的颜色

11．在 HTML 中，下面换行标签的是（　　）。

A．<body>　</body>　　　　　　B．<title>　</title>

C．
　　　　　　　　　　　D．<u>　</u>

12．在链接打开方式中，_top 代表（　　）。

A．把链接文件在自身窗口中打开

B．把链接文件在父框架中打开

C．把链接窗口在当前窗口打开并且删除所有框架

D．把链接文件在新窗口中打开

13．规划站点时应该遵循（　　）原则。

A．建立树形文件夹保存文件

B．所有插入的对象建议都要保存在树形文件夹内

C．避免使用中文文件名

D．以上各项都正确

14．如果超链接的目标是一个网页的某一个特点的位置，需要为这个特点的位置设定一个（　　）。

A．段落名称　　B．标签名称　　C．层名称　　D．锚名称

15．使用框架（Frame）制作主页，页面上已经创建了三个框架，当用户选择"文件/保存全部"时，系统将保存（　　）HTML 文件。

A．2 个　　　　B．3 个　　　　C．4 个　　　　D．5 个

二、填空题

1．HTML 的正式名称是_____。

2．创建空链接使用的符号是_____。

3．一个具体对象对其他对象的超级链接是一种_____的关系。

4．在 HTML 文档中插入图像其实只是写入一个图像的_____，而不是真的把图像插入到文档中。

5．Dreamweaver CS4 的模板文件的扩展名是_____。

课后练习与指导参考答案

第1章

一、选择题

1．C 　2．B 　3．B 　4．A 　5．A 　6．B 　7．B 　8．D 　9．D 　10．D
11．D 　12．C 　13．C 　14．C 　15．C 　16．C 　17．C 　18．D 　19．C
20．C 　21．A 　22．C 　23．A 　24．B 　25．A

二、填空题

1．终端与终端 　　2．源站、发送器 　　3．信源、发送设备、传输介质

第2章

一、选择题

1．A 　2．C 　3．C 　4．C 　5．B 　6．B 　7．D 　8．D 　9．D 　10．C
11．B 　12．C 　13．C 　14．C 　15．D

二、填空题

1．File 3D 或三维窗口切换 　　2．Alt+PrintScreen 　　3．并排显示 　　4．文件类型
5．快捷菜单

第3章

一、选择题

1．C 　2．C 　3．A 　4．D 　5．A 　6．B 　7．B 　8．C

二、填空题

1．文档1 　　2．缩进 　　3．打印预览 　　4．分栏

第4章

一、选择题

1．A 　2．B 　3．B 　4．C 　5．D 　6．B 　7．B 　8．B 　9．C 　10．D
11．B 　12．A 　13．C 　14．D 　15．C

二、填空题

1．SUM（A1：A2，A4：A8） 　　2．列，行，A，3 　　3．绝对引用 　相对引用 　　4．.xlsx
5．=AVERAGE（B4：D4） 　　6．3 　　7．Sheet1 　　8．编辑栏 　　9．=B3+C3
10．绝对引用

第 5 章

一、选择题

1．D　2．C　3．B　4．C　5．D　6．A　7．A　8．D　9．D　10．A
11．C　12．A　13．D　14．C　15．B　16．D　17．C　18．B　19．B　20．D

二、填空题

1．大纲视图　普通视图　幻灯片浏览视图　幻灯片视图　2．2　3．为了展示给别人看　4．图表　图表　5．插入　6．Esc　7．幻灯片切换　8．表格　9．幻灯片放映　10．Alt+F4　11．演示文稿　.PPT　12．新演示文稿　设计模板　内容模板　.pot　13．动画效果　普通　动画方案　14．演讲者放映　观众自行浏览　在展台浏览　15．大纲窗口幻灯片窗口　备注窗口　幻灯片窗口　16．属性　状态　17．内容提示向导　设计模板　空演示文稿　18．投影仪　计算机　19．预设动画　20．超级链接

第 6 章

一、选择题

1．B　2．A　3．B　4．A　5．C　6．D　7．C　8．C　9．C　10．C
11．B　12．A　13．D

二、填空题

1．信息交换　资源共享　分布式处理　2．局域网　广域网　城域网　3．计算机技术　通信技术　4．资源子网　通信子网　5．总线、星形、环形　6．双绞线　同轴电缆　光导纤维　7．LAN　MAN　WAN　8．信息交换　资源共享　分布式处理　9．传感设备　互联网　识别　定位　跟踪　10．可靠性　11．可用性

第 7 章

一、选择题

1．A　2．D　3．D　4．A　5．C　6．B　7．A　8．C　9．D　10．C
11．B　12．D　13．A　14．A　15．C　16．C　17．C　18．B　19．A　20．C

二、填空题

1．多媒体系统　获取　存储　传输　2．Photoshop　AutoCAD　3ds Max　ACDsee
3．输入显示媒体　4．.cda　44.1　5．矢量图、位图　6．像素
7．套索工具，多边形套索工具，磁性套索工具
8．运动或动作或动作补间　9．工具　选项　10．图形　影片剪辑　按钮

第 8 章

一、选择题

1．A　2．C　3．B　4．B　5．C　6．C　7．D　8．C　9．D　10．C
11．C　12．C　13．D　14．D　15．C

二、填空题

1．超文本标识语言　2．#　3．一对一　4．链接地址　5．Dwt

反侵权盗版声明

电子工业出版社依法对本作品享有专有出版权。任何未经权利人书面许可、复制、销售或通过信息网络传播本作品的行为；歪曲、篡改、剽窃本作品的行为，均违反《中华人民共和国著作权法》，其行为人应承担相应的民事责任和行政责任，构成犯罪的，将被依法追究刑事责任。

为了维护市场秩序，保护权利人的合法权益，我社将依法查处和打击侵权盗版的单位和个人。欢迎社会各界人士积极举报侵权盗版行为，本社将奖励举报有功人员，并保证举报人的信息不被泄露。

举报电话：（010）88254396；（010）88258888

传　　真：（010）88254397

E-mail：　dbqq@phei.com.cn

通信地址：北京市万寿路 173 信箱

　　　　　电子工业出版社总编办公室

邮　　编：100036